总顾问　戴琼海

总主编　陈俊龙

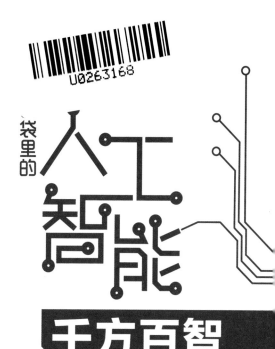

口袋里的人工智能

千方百智

陈俊龙　张　通◎主编

SPM
南方传媒

广东科技出版社
全国优秀出版社

· 广 州 ·

图书在版编目（CIP）数据

千方百智 / 陈俊龙，张通主编. —广州：广东科技出版社，
2023.3
（口袋里的人工智能）
ISBN 978-7-5359-8022-9

Ⅰ.①千⋯ Ⅱ.①陈⋯ ②张⋯ Ⅲ.①人工智能—普及读物
Ⅳ.①TP18-49

中国版本图书馆CIP数据核字（2022）第218143号

千方百智
Qian Fang Bai Zhi

出版人：严奉强
选题策划：严奉强　谢志远　刘　耕
项目统筹：刘晋君
责任编辑：刘晋君　刘　耕　彭逸伦
封面设计：飛鳥魚設計 FLYING BIRD & FISH DESIGN
插　　图：徐晓琪
责任校对：于强强
责任印制：彭海波
出版发行：广东科技出版社
　　　　　（广州市环市东路水荫路11号　邮政编码：510075）
销售热线：020-37607413
http://www.gdstp.com.cn
E-mail：gdkjbw@nfcb.com.cn
经　　销：广东新华发行集团股份有限公司
排　　版：创溢文化
印　　刷：广州市岭美文化科技有限公司
　　　　　（广州市荔湾区花地大道南海南工商贸易区A幢）
规　　格：889 mm×1 194 mm　1/32　印张5.375　字数100千
版　　次：2023年3月第1版
　　　　　2023年3月第1次印刷
定　　价：36.80元

如发现因印装质量问题影响阅读，请与广东科技出版社印制室
联系调换（电话：020-37607272）。

———○ 本丛书承 ○———

广州市科学技术局
广州市科技进步基金会

联合资助

序　言

　　技术日新月异，人类生活方式正在快速转变，这一切给人类历史带来了一系列不可思议的奇点。我们曾经熟悉的一切，都开始变得陌生。

——［美］约翰·冯·诺依曼

　　"科技辉煌，若出其中。智能灿烂，若出其里。"无论是与世界顶尖围棋高手对弈的AlphaGo，还是发展得如火如荼的无人驾驶汽车，甚至是融入日常生活的智能家居，这些都标志着智能化时代的到来。在大数据、云计算、边缘计算及移动互联网等技术的加持下，人工智能技术凭借其广泛的应用场景，不断改变着人们的工作和生活方式。人工智能不仅是引领未来发展的战略性技术，更是推动新一轮科技发展和产业变革的动力。

　　人工智能具有溢出带动性很强的"头雁"效应，赋能百业发展，在世界科技领域具有重要的战略性地位。《中华人民共和国国民经济和社会发展第十四个五年规划和2035年远景目标纲要》提出，要推动人工智能同各产业深度融合。得益于在移动互联网、大数据、云计算等领域的技术积累，我国人工智能领域的发展已经走过技术理论积累和工具平台构建的发力储备期，目前已然进入产业赋能阶段，在机器视觉及自然语言处理领域达到世界先进水平，在智能驾驶及生物化学交叉领域产生了良好的效益。为落实《新一代人工智能发展规划》，2022年7月，科技部等六部门联合印发了《关于加快场景创新以人工智能高水平应用促进经济高质量发展的指导意见》，提出围绕高端高效智能经济培育、安全便捷智能社会建设、高水平科研活动、国家重大活动和重大工程打造重大场景，场景创新将进一步推动人工智能赋能百业的提质增效，也将给人民生活带来更为深入、便捷的场景变换体验。面对人工智能的快速发展，做好人工智能的科普工作是每一个人工智能从业者的责任。契合国家对新时代科普工作的新要求，大力构建社会化科普发展格局，为大众普及人工智能知识势在必行。

在此背景之下，广东科技出版社牵头组织了"口袋里的人工智能"系列丛书的编撰发行，邀请华南理工大学计算机科学与工程学院院长、欧洲科学院院士、欧洲科学与艺术院院士陈俊龙教授担任总主编，以打造"让更多人认识人工智能的科普丛书"为目标，聚焦人工智能场景应用的诸多领域，不仅涵盖了机器视觉、自然语言处理、计算机博弈等内容，还关注了当下与人工智能结合紧密的智能驾驶、化学与生物、智慧城轨、医疗健康等领域的热点内容。丛书包含《千方百智》《智能驾驶》《机器视觉》《AI化学与生物》《自然语言处理》《AI与医疗健康》《智慧城轨》《计算机博弈》8个分册，从科普的角度，通俗、简洁、全面地介绍人工智能的关键内容，准确把握行业痛点及发展趋势，分析行业融合人工智能的优势与挑战，不仅为大众了解人工智能知识提供便捷，也为相关行业的从业人员提供参考。同时，丛书可以提升当代青少年对科技的兴趣，引领更多青少年将来投身科研领域，从而勇敢面对充满未知与挑战的未来，拥抱变革、大胆创新，这些都体现了编写团队和广东科技出版社的社会责任、使命和担当。

这套丛书不仅展现了人工智能对社会发展和人民生活的正面作用，也对人工智能带来的伦理问题做出了探讨。技术的发展进步终究要以人为本，不应缺少面向人工智能社会应用的伦理考量，要设置必需的"安全阀"，以确保技术和应用的健康发展，智能社会的和谐幸福。

科技千帆过，智能万木春。人工智能的大幕已经徐徐展开，新的科技时代已经来临。正如前文冯·诺依曼的那句话，未来将不断地变化，让我们一起努力创造新的未来，一起期待新的明天。

（中国工程院院士）

2023年3月

目 录

第一章

当机器学会动脑子

一、人工智能知多少

人工智能（Artificial Intelligence，AI）[1]，一个让人既陌生又熟悉的词汇，在几十年间悄无声息地从科幻作品渗透到日常生活的方方面面。过去，我们常常通过手工计算、经验推断来解决问题，后来，我们开始使用计算器、计算机快速解决高精度、高复杂度的问题，现在随着科技的进步，我们更多地将问题抛给机器，让它们代替我们进行部分思考。随着科技发展带来的计算和决策需求愈发膨胀，人们逐渐认识到，人类社会的高速发展与跃进，光靠人本身的智慧是难以持续的，创造出辅助人思考甚至具有超越人的思考能力的智能体极具必要性。

在如此社会背景下，人工智能应运而生。人工智能的发展带来的多领域技术革新，不仅极大地推动了社会政治、经济、文化领域的变革，也影响了人类生活方式和思维方式。

（一）什么是人工智能

在影视作品中，人工智能通常被具象化为机器人，如科幻电影《终结者》中的经典角色"终结者"，或像《钢铁侠》的管家贾维斯这样的智能电脑，抑或像《黑客帝国》中反派"矩阵"这样的智能程序。究竟什么样的事物能够被称作人工智能呢？

顾名思义，人工智能即"人工"＋"智能"。"人工"可通俗理解为通过人的思考、辩证和生产进行创造；而"智能"的定义则颇为深奥，涉及意识、思维、个体等哲学概念，各家观念各有不同，我们暂且将其理解为能够像人一样思考问题、解决问题的能力。因此，就其本质而言，人工智能是对人的思维的信息传递过程进行模拟。人工智能研究的很大一部分工作在于对人本身的智能进行研究，之后才是使用电子化（过去是机械化，未来可能是量子化）技术对它进行仿造和复现。

机器和人类"获得智能"的方式有类似的地方，也有不同之处。从人本身来看，智能离不开知识基础。同样地，机器也需要从大量同类问题中进行学习并积累经验[2]，形成自己的知识，这种学习形式称为"连续性学习"。但是，人类除了从经验中获取知识，还能够依靠自身的想象力和创造力获取瞬间的灵感，打破固有逻辑，获取新知识，这称为"跳跃性学习"。目前，对机器来说，与连续性学习相比，跳跃性学习颇为困难。

根据系统的处理方式是类人的还是跳出人的限制的，人工智能可被定义为"像人一样的系统"或"理性的系统"；或者根据主要功能的不同，人工智能可以表述为"思考的系统"或"行动的系统"（图1-1）。

像人一样思考的系统	理性思考的系统
"要使计算机能够思考……意思就是：有头脑的机器"（Haugeland，1985） "与人类的思维相关的活动，诸如决策、问题求解、学习等活动"（Bellman，1978）	"通过利用计算模型来进行心智能力的研究"（Chamiak和McDermott，1985） "对使得知觉、推理和行为成为可能的计算的研究"（Winston，1992）
像人一样行动的系统	理性行动的系统
"一种技艺，创造机器来执行人需要智能才能完成的功能"（Kurzweil，1990） "研究如何让计算机能够做到那些目前人比计算机做得更好的事情"（Rich和Knight，1991）	"计算智能是对设计智能化智能体的研究"（Poole等，1998） "AI……关心的是人工制品中的智能行为"（Nilsson，1998）

图1-1　人工智能的若干种分类及定义

（二）人工智能派系——格兰芬多还是赫奇帕奇

对人工智能的定义和类别有了基本认知后，我们可以选择哪些方式实现人工智能呢？

从不同的实现方式出发，人工智能被分成了三大学派：联结主义（connectionism）、符号主义（symbolicism）和进化主义（evolutionism）。

一是对人处理信息的部位——大脑，进行结构模拟。通过体外复现大脑的连接机制，制造"类人脑"的机器，让信息像在大脑内部一般传递，在"人造神经"的连接之间发生相似的反应。这一学派被称为联结主义，又称为仿生学派（bionicsism）或生理学派（physiologism），其研究的内容主要为神经网络及神经网络的连接机制与学习算法。

二是对人处理信息的方式——思维，进行功能模拟。在数学理论的基础上，按照与人相同的逻辑处理问题，淡化实现方式。这一学派被称为逻辑主义，又称为符号主义、心理学派（psychologism）或计算机学派（computerism），其原理主要为物理符号系统假设和有限理性原理。

三是对生物获得智能的宏观途径——进化，进行行为模拟。这一学派被称为进化主义，又称为控制论学派（cyberneticsism），通过模拟自然界的进化现象或者生物群体智能行为而设计问题的求解算法。这些算法包括进化计算、群体智能等智能算法。

既然人脑的智能已经如此优秀，为何不直接照抄人的大脑结构，给机器赋予人的智能呢？一个非常现实的原因是目前对人脑思考时发生的生化反应的神经生物学理论研究还不充分，同时材料学和控制论在体外复现方面仍有局限，无法从技术上实现仿造。此外，这样做在伦理道德上也存在争议——这种能像人一样，能够进行自我推理和解决问题并具备创造能力的机器，是可能拥有知觉和自我意识的（这一问题我们在第六章进行讨论）。这样的人工智能被定义为强人工智能。与之相对，没有自主意识的人工智能属于弱人工智能。现阶段的绝大部分人工智能属于弱人工智能，但已经获得了堪称卓越的成就，而强人工智能领域的研究还在起步阶段（图1-2）。

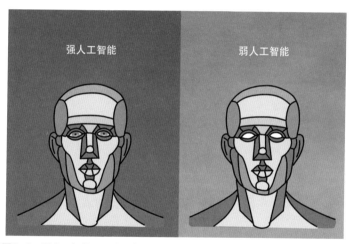

强人工智能　　　　　弱人工智能

图1-2　强人工智能和弱人工智能的区别："有自主意识"与"无自主意识"

（三）图灵测试，把人工智能关进小黑屋

有没有什么更直接的方法识别机器是否具有智能？

著名的图灵测试[3]给出了方案。人工智能之父阿兰·麦席森·图灵（Alan Mathison Turing）在1950年提出了这样的测试方

案：将一台需要测试的机器置于封闭的房间中，外界的测试人员只能通过特定方式与其交流（如打字问答），多轮测试后，若测试人员无法分辨房间中是人还是机器，则可以认定这台机器具备人的智能（图1-3）。

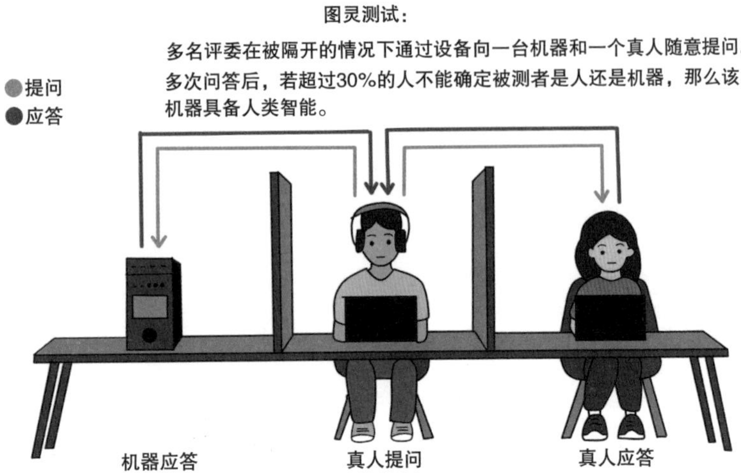

图灵测试：

多名评委在被隔开的情况下通过设备向一台机器和一个真人随意提问。多次问答后，若超过30%的人不能确定被测者是人还是机器，那么该机器具备人类智能。

● 提问
● 应答

机器应答　　　　　　　　真人提问　　　　　　　　真人应答

图1-3　图灵测试过程

图灵测试看似简单，其实包含着极苛刻的条件。在人机交流中，机器除了自我表达之外，还需要对提问进行反应（受提问者影响），还需要在回答中引导谈话（影响提问者）。在每个环节中，无论是提出新的观点还是模仿别人的观点，机器都要做到以假乱真。根据被机器成功"欺骗"的评委的人数比例，可以大致判断它的智能程度。

图灵测试没有对问题的范围和提问的方式作限制——假如在图灵测试中，反复询问被测试者同一个问题，一个聪明的机器是否会像人一样感到不耐烦呢？如果机器只是简单地基于学习的知识来回答问题，它大抵是不会烦躁的。但若它足够智能，以至于像人一样具备综合分析的能力，就能够发现提问者似乎是在捉弄它。又假如，询问一个人类难以独自回答的问题："圆周率小数点后第1 000位是什么数字？"机器能够轻而易举给出答案，此时它是否需要"大智若愚"地模仿人类回答"对不起，我记不住"呢？

因此，图灵测试的一大特点是测试机器是否具有"类人"的智能，而非绝对理性的智能。

（四）智能体，拥有智能的主体

人人都想拥有一个《机器管家》中"安德鲁"这样的像人类一样的机器人朋友，这样的角色在人工智能学科中称作智能体（agent）。agent直译成中文是"代理"，好比银行代理、法律代理，它本身是社会行为概念，由另一人工智能之父马文·明斯基（Marvin Minsky）于1978年首次引入计算系统[4]。

智能体的定义众说纷纭，我们可以大致将其理解为具备"感知、认知、执行"三大能力的主体。感知即能够从环境中收集和记录信息，如眼睛（摄像头）能看到画面，耳朵（麦克风）能听到声音，皮肤（温度计）能感受到温度。认知是指能对收集的数据进行分析、处理，得到方案，例如饮用水的温度为27℃→低于建议温度50℃→需要加热。执行是将方案通过动作作用于环境，如通过通电和热传导给水加热。根据以上定义，智能体需要感知器、处理器和执行器三大组件来实现基本功能：感知器感知外部环境，处理器分析认知数据，执行器作用于外部环境。

在更抽象的定义下，一段代码、一个程序也可以看作一个智能体。与物理的、可以被触碰到的单元相对应，虚拟的单元的输入、计算、输出的过程也是感知、处理、执行的对应手段。虚拟的智能体普遍是理性智能体——通过计算使输出尽可能接近期望。当然，实际效果可能与期望效果有出入，根据不确定性原理，绝对保证实际效果达到最佳是没有可能的。人工智能企图实现的是"理性"而非"完美"。

在现实世界中，智能体并非独立存在，多智能体系统更加普遍[5]。这就要求智能体在与环境交互的同时，也能与其他智能体进行信息交换，以共同达到期望的最佳值。这种特性称为社会特性。每个智能体的视野是有限的，数据只保存在个体内部，个体只有解决部分问题的能力，就像人类社会包含裁缝、木匠、理发师等不同职业，人人各司其职，处理其他人无法处理的事务。

此外，多智能体系统通常没有统一的全局控制系统，当环境发生变化时，每个智能体需要能够独立做出决策，不被其他智能体干预。这种特性称为自治特性。

二、人工智能的前世今生

1943年，一篇"最伟大的作品"诞生了。美国神经科学家麦卡洛克（Warren McCulloch）和逻辑学家沃尔特·皮茨（Walter Pitts）提出神经元的数学模型[6]，正式推开了人工智能的大门。作为如今火爆学术界和工业界的深度学习的基础，神经元的出现为人工智能奠定了基础。到了1950年，图灵提出的图灵测试让人们看到机器学习的可能性，让机器产生智能的思想吸引了科学界。1966年，美国计算机协会将设立的计算机领域奖项命名为图灵奖，以纪念图灵的杰出贡献。图灵奖旨在奖励为计算机科学做出重要贡献的人，现已成为计算机领域的国际最高奖项，堪称"计算机界的诺贝尔奖"。

从"拿别人的东西来用"的产品型理论成果，到"谁都要用到"的工具型全能选手，人工智能的角色转变可谓波澜壮阔。人工智能的发展可以总结为"三次浪潮"。本节我们将介绍人工智能这三次浪潮，感受人工智能曲折又迅猛的发展历程。

（一）第一次浪潮：算法的春天

1. 人工智能的诞生

1956年夏季，人类历史上第一次人工智能研讨会在美国的达特茅斯学院（Dartmouth College）举行（图1-4），也被称为达特茅斯会议，这是第一次正式使用"人工智能"这一术语，标志着人工智能学科的诞生。与会者有：克劳德·香农（Claude Shannon）、纳撒尼尔·罗切斯特（Nathaniel Rochester）、Marvin Minsky、约翰·麦卡锡（John McCarthy）、赫伯特·西蒙（Herbert Simon）、艾伦·纽厄尔（Allen Newell）、奥利弗·塞弗里奇（Oliver Selfridge）、阿瑟·塞缪尔（Arthur Samuel）、雷·所罗门诺夫（Ray Solomonoff）、特伦查德·摩尔（Trenchard More）等数学家、信息学家、心理学家、神经生理学家、计算机科学家。这次研讨会通过学科交汇和思维碰撞，极大地激发了与会者的灵感，为人工智能的第一次浪潮的到来做了铺垫。

图1-4　达特茅斯会议地址

此次大会之后，各位创始人相继开创了人工智能各大领域的先河：McCarthy发明了人工智能领域广泛使用的LISP语言；Minsky首创框架理论，开发了最早的能够模拟人类活动的机器人Robot C；Selfridge是模式识别的奠基人，他领导的MAC项目之后成为麻省理工学院最大的实验室MIT CSAIL；Newell和Simon提出的物理符号系统假设和有限合理性，成为符号主义的基本理论。

2. 百花齐放的算法，难以支撑的算力

随后，最近邻算法、感知机、人工神经网络相继出现，大量人工智能算法被提出，这段时间堪称人工智能的大发现时代。以遗传算法、模糊逻辑、神经网络为代表的人工智能三大主义的理论和算法齐头并进、百花齐放。从当时遍地开花的突破性进展来看，人工智能的前景似乎是无限的，专家们迫不及待地探索更具挑战性的任务。

到20世纪60年代末，Minsky出版的《感知机》[7]无法处理"异或"问题，多层非线性网络没有找到有效的优化算法，人工神经网络的研究陷入停滞状态。同时，处理复杂、大规模的问题要面临计算复杂度爆炸的痛点，当时的计算机有限的内存和处理速度又不足以解决任何实际的人工智能问题，人工智能的发展首次进入低谷期。

（二）第二次浪潮：算力的崛起

1. 专家系统的发展巅峰

如果说阻碍人工智能继续高速发展的一大因素是算力不足，那么人工智能第二次浪潮到来的背后推手便是算力的稳步提升。步入20世纪70年代，得益于大规模和超大规模集成电路的出现，计算机不再受困于笨重的躯体和少的计算位数，存储设备的扩容让更庞大的程序和资源的交互成为可能。

有了算力保障，理论的试错和验证愈发容易，以专家系统为代表的符号主义在这一时期蓬勃发展。专家系统的雏形在第二次浪潮前已经出现，此后，人工智能迎来"知识期"，人们纷纷寄希望于将专家的推理过程提炼成计算模型（推理机），并为推理机构建强大的知识库。知识库系统和知识工程成为20世纪80年代人工智能研究的主要方向。

人工智能终于从理论研究走向实际应用，专家系统等高度专业化的知识和针对单学科的推理能力在医疗、气候、军事、商业等领域渗透，并朝着大型多专家协作系统和综合知识库的方向持续发展。

人工智能理论的发展由受算力牵制，逐渐演变成指导计算机技术发展。1982年日本的"第五代计算机技术开发计划"强调人工智能的应用将是未来信息处理的主流，因此，第五代计算机的发展必将与人工智能、知识工程和专家系统等的研究紧密联系，并为人工智能发展提供新基础。

2. "破产"的危机

机器学习的王者级算法及模型——多层感知机、反向传播、卷积神经网络、支持向量机、循环神经网络相继面世，为处理图像、语音、文本等高维数据打开了新世界的大门。启发式搜索、决策树、遗传算法、模拟退火等基于奖励和进化机制的算法的出现，为趋势预测、组合优化等带来了新的解题思路。

根据摩尔定律，集成电路（图1-5）上可容纳的晶体管数目每18～24个月增加一倍，也就是说处理器的性能每18～24个月提升一倍，这个增长速度不是线性增长，而是指数增长。计算机可以进行机器学习算法，为人工智能的发展打下了硬件基础，使越来越多高性能要求的算法步入实践。

但随着算力崛起，20世纪80年代后期，家用计算机凭借强大的性能和普及的图形化界面渐渐挤压专家系统的生存空间，由于人工智能系统维护艰难和性价比较差，资金投入逐渐削减，以人工智能技术为主体的计算机开发计划面临破产，人工智能行业迎来第二次寒冬。

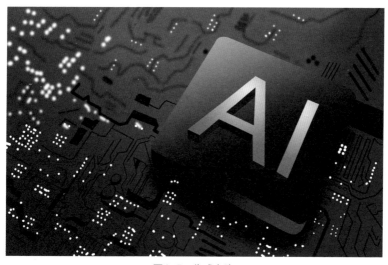

图1-5 集成电路

（三）第三次浪潮：数据的涌现

1. 从"濒临破产"到"击败"人类

20世纪90年代中后期，随着人们对人工智能的认识逐渐变得客观，以及神经网络理论和技术的稳步进展，人工智能的发展回到正轨。

1997年5月11日，名为"深蓝"的人工智能打败了国际象棋世界冠军卡斯帕罗夫，轰动世界。人们虽然早就知道计算机拥有人类无法比拟的计算速度，但仍一直将对艺术的鉴赏和思维能力作为最后的自我慰藉。人们没想到，在需要复杂推演和深厚经验的国际象棋领域，连世界冠军都无法与人工智能匹敌。人类的最后一丝尊严被冰冷的机器无情地击溃了，尽管"深蓝"的运算单元可能已经热到冒烟。即使"深蓝"出自人类之手，但人类创造的工具击败了人类自己，还是让人细思恐极。

2006年，杰弗里·辛顿（Geoffrey Hinton）和他的学生提出了解决神经网络训练中梯度消失问题的方案[8]，从此构建深层的神经网络成为可能，深度学习正式诞生，并将成为时代的宠儿。在深度学习的加持下，2016年，围棋人工智能程序AlphaGo[9]打败了围棋世界冠军李世石，再次掀起热议（图1-6）。

图1-6　人工智能和人类下棋

2. 数据，人工智能的第三驾马车

算法、算力和数据被称为人工智能的三驾马车。人工智能的训练需要巨量的数据支撑，数据的质量越高、覆盖面越广，机器学到的知识就越精准。大数据、互联网、物联网等信息技术的发展，为人工智能的食粮——数据的获取和流通开放了快车道。

除了硬件进步，并行计算、分布式计算等技术的兴起与发展，在底层功能上支持计算资源的充分利用和化整为零；云存储、云计算等"万物上云"的新思路，实现了计算资源的统一调配，让机器学习的训练不再成为设备拥有者独享的福利，拉低了进入门槛；感知端、边缘端、服务端设备协同工作，微小但完整的模型训练体系实现了机器的现学现用；人工智能技术逐渐与数据库、多媒体等主流技术相结合，并融合在主流技术之中，使计算机更聪明、更有效、与人更接近。

21世纪以来，人工智能的三驾马车并驾齐驱，算法的突破、算力的提升、数据的获取，使脑机接口、生成模型、知识图谱等技术和模型应运而生，呈现百花齐放的局面。

人工智能的华丽篇章，仍在书写中。

三、人工智能产业大视角

到目前为止，人类经历了4次工业革命：第一次是蒸汽机的出现，第二次是电力的发明和广泛应用，第三次是计算机和原子能、生物工程等信息控制技术的出现，而第四次工业革命是智能化技术的出现，其标志着以人工智能为主导的智能化时代的到来。

了解了人工智能的历史和概况，如今呈现在我们身边的人工智能究竟是什么样的呢？下面我们将分别从全产业链的视角和生活中具体的智能应用来探索现阶段人工智能的奥秘。

（一）人工智能产业结构

与"互联网+"相似，人工智能产业也是以软硬件相结合的方式与传统工业深度结合的新兴技术产业，是生产效率飞跃的新兴业态。从供应链和上下游的视角来看，人工智能产业可分为基础层、技术层、应用层三大部分。

基础层包括传感器、处理器芯片等硬件，大数据、5G通信技术、云计算等计算系统技术，以及数据采集、清洗、标注等数据处理技术，是发展人工智能产业的设备和资源基础。

技术层包括计算机视觉、自然语言处理、语音识别、人机交互等多模态感知与认知技术，以及算法框架和开放平台等计算服务技术，是算法理论研究和技术开发的中坚力量。

应用层主要以"AI+"的形式呈现，涵盖了医疗、金融、家居、教育、交通、制造等领域，涉及几乎所有技术化产业。应用层以数据特征为出发点，以智能算法为手段构建技术路径，向特定应用场景需求提供软硬件产品或解决方案，是产业链的落地环节（图1-7）。

图1-7 "AI+"的应用

（二）龙头企业和标志产品

提到国内的人工智能龙头企业，自然避不开阿里巴巴、腾讯、百度等互联网巨头。可以说人工智能应用发源于互联网，或者说互联网孕育了人工智能企业，它们的思想和开发理念一脉相承。形成这种局面的主要原因是受互联网时代的影响，这些企业手握大量的市场与资源，且人工智能企业的技术研发依赖于数据来源和市场反馈，这与互联网产业具有极高的相似性。

上述人工智能龙头企业都涉及众多领域：百度深耕自动驾驶和语音识别技术，同时在深度学习领域有深厚的技术沉淀，如飞桨（PaddlePaddle）开源深度学习平台和百度翻译、百度云等知名产品；腾讯强调泛在智能，在智慧医疗、智慧城市方向发力，拥有"绝悟AI"、腾讯云等产品；阿里巴巴以达摩院闻名，拥有图像搜索和语音自学习平台及阿里云平台；华为作为依靠通信技术发家的企业，逐渐发展为软硬件综合型巨头，在计算机视觉、智能协作、云计算等领域（图1-8）拥有华为云、昇腾（HUAWEI Ascend）芯片、盘古大模型等行业领先技术产品。

图1-8 云计算应用领域

从细分领域和核心技术看，各领域都有领军企业：智能语音有科大讯飞，视觉计算有海康威视、商汤科技，智能驾驶有小马智行、文远知行和各新势力车企，无人机有大疆，跨媒体多模态有字节跳动等。

从地域分布看，我国人工智能企业和产业驻地主要分布在北京、上海、广州、深圳、杭州、成都等一线城市和新一线城市，并以这几个城市为中心点辐射京津冀、长三角、珠三角、川渝四大都市圈。我国还成立了多个新一代人工智能创新发展试验区[10-11]，依托地方开展人工智能技术示范、政策试验和社会试验，作为推动人工智能创新发展的先行试点，发挥带动作用。除东部沿海地区外，还兼顾推动中西部地区及东北地区协同发展，充分发挥人工智能产业优势。

（三）国内产业的发展瓶颈

我国人工智能产业在技术层和应用层几乎与国外同时起步，甚至在语音识别、智能推荐等领域拥有领先技术。但我国人工智能产业链呈现"头重脚轻"的形态，应用层发达，技术层臃肿，基础层欠缺。

搭上互联网快车后，我国的大数据应用和云计算服务及时跟进，相对保障了下游高校和企业在人工智能领域的计算和应用需求，但在云端进行计算的设备仍未国产化，浮点和图像计算芯片、精密传感元件等人工智能底层器件的设计和制造水平仍落后于国际先进水平。

常规模式下，技术突破依赖上游供给的完善，同时技术突破能推动应用市场的深化。但我国的现状是：在应用市场的刺激下，企业研发了大量算法与技术，同时企业对算力的海量需求倒逼芯片、存储等硬件制造产业升级。

我国的人工智能产业起步较晚，属于"半路出家"，能在技术层和应用层站稳脚跟已经是出色的发展结果。但基础层的欠缺导致上层的技术和应用发展受限，我们不得不大量采购国外的芯片和计算单元。

正视自身不足，寻找突破口将是我国人工智能产业的下一个发展大方向，如在技术封锁下把握好国产替代机会，鼓励高校和企业大胆干、放心干；利用我国的人口和市场优势，在此基础上构建自己的技术壁垒、数据壁垒，实现弯道超车。

让我们一起期待我国人工智能产业的强势崛起！

第二章

神通广大的人工智能

一、智能时代的"大学霸"

人工智能的研究领域非常广泛，包括知识的表示[①]、学习、推理演绎、组织管理，以及机器行为、智能系统构建和多模态感知、认知建模等诸多内容。智能离不开知识，本节我们将了解人工智能如何保存和应用知识，以及如何从数据中自动学习新的知识，成为智能时代的"学霸"。

（一）人工智能的"状元笔记"

1. 专家系统，让人工智能成为"专家"

专家系统是人工智能保存知识和使用知识的秘籍之一。专家系统是一种包含知识和推理的智能计算机程序（图2-1），用于解决以往由专家才能解决的专业性问题，是人工智能的一个重要分支。

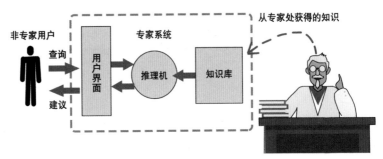

图2-1　专家系统的组成部分

专家系统有两大主要部分：知识库和推理机。知识库里包含数

---

① 指对知识的表述，把抽象的知识用具体的、计算机可以理解的语言和结构表达出来。

据库和规则库，用于存储获取的知识，就像给机器专家提供的"食品原材料"；推理机包含解释程序和调度程序，为用户进行推理和咨询服务，负责做出"美味的菜肴"。1965年，爱德华·费根鲍姆（Edward Feigenbaum）提出了首个专家系统DENDRAL[12]。

专家系统使人工智能拥有像专家一样的知识，并模拟专家的思维，使机器能够像专家一样进行知识推理。有别于传统的能够实现数值计算的计算机程序，专家系统作为符号主义的代表，它的首要处理对象是用符号表示的知识，且需要有解释功能，以证明自己的理解逻辑。

大多数专家系统是针对特定领域建立的，因此专家系统的建立通常需要特定领域的专家参与，需要设计大量的规则。基于此，专家系统通常无法有效地处理超出自身领域的问题。此外，专家系统的学习能力差，需要通过更新底层的逻辑，才能处理新的问题。

在实际应用中，专家系统通常还需搭配人机接口、知识获取机构、解释机构等形成完整体系，用以应对在医疗、地质等特定领域专家数量欠缺，却有大量需求的状况。

2. 为人工智能构建"思维导图"

互联网发展带来了海量数据，由人工构建、手工输入数据因此已不再现实。在此契机下，知识图谱作为专家系统的延伸，站在了风口。

对人脑来说，从复杂的外界感知的信息是零散的，为了将这些零散信息通过记忆储存起来，需要将信息组织成有逻辑的结构体，并随着新信息的加入持续更新。著名的"联想记忆法"就利用了这一原理。与此相似，把不同种类的信息以实体的形式表示，根据信息间的对应关系连接在一起，得到的关系网络就是知识图谱，它提供了从关系的角度去分析问题的能力。

当需要记住的知识点太多时，你会怎么做？很多人会选择画一张思维导图，把大量的、零散的知识整理得清晰明了，并通过关系串联在一起，形成知识体系，让自己可以根据知识的关联性来进行理解和记忆。从某些方面来说，知识图谱和思维导图是类似的，知识图谱也是一张知识的关系网。

构建知识图谱有着繁杂的步骤，知识建模、知识抽取、知识融合、知识存储、知识推理、知识应用，每一步都需要大量的数据和算力支撑。

搜索系统是知识图谱应用的例子之一。我们向百度或者谷歌等搜索引擎输入实体和关系，如"郭艾伦"的"教练"，返回的结果是另一个实体"杨鸣"，说明知识图谱理解了实体和关系（图2-2），比直接返回包含"郭艾伦的教练"字样的网页更懂得用户意图。此外，手机App里的广告及视频软件里的"相似推荐""猜你喜欢"等推荐功能，都可能使用了知识图谱来建立推荐对象的关系网。

图2-2　实体和关系示意图

（二）"勤学苦练"的人工智能

1. 学霸是怎样"炼"成的

普通机器只能执行人类编写的程序，实现规定的算法流程，计算出输入数据的对应输出。而智能的机器能够从历史数据中提取和分析潜在的规律和信息，自主"学习"出一套算法或模型，用来预测未知数据的正确输出。这种从数据中自主学习的技术称为机器学习。区别于将思维逻辑、行为准则直接赋予机器，机器学习要求机器直接从数据中总结规律，形成自身的认知规则。机器学习是人工智能的一大分支，也是人工智能的重要基础和核心技术。

人类通过学习变得更加聪明能干，机器也一样。机器学习使机器具有学习新知识、改进和提升自己的能力，让机器成为一个名副其实的"学霸"。

2. 机器学习的三驾马车

算法、算力和数据，是人工智能的三驾马车，也是机器学习的三大基石。机器学习离不开它们的支持。

构建合适的模型是机器学习的关键步骤。一般而言，机器学习"学"到的实际上是模型的参数。随着人工智能的发展，越来越多的机器学习算法不断涌现。传统的机器学习算法包括K近邻（K-nearest neighbor，KNN）、决策树（decision tree）、支持向量机（support vector machine，SVM）等。而目前炙手可热的当属神经网络和深度学习。神经网络的深层结构使它具有强大的拟合能力。AlphaGo的工作原理正是深度学习。

我们可以为机器构造复杂的模型，而模型的训练离不开足够算力的支撑。GPU（graphics processing unit，图形处理器）、TPU（tensor processing unit，张量处理器）等算力的发展使机器能够实现更快、更高效的运算，也使机器能够训练像深度神经网络等庞大、复杂的模型。

人类学习需要"读书破万卷"，人工智能学习同样需要大量的训练数据。数据是人工智能的知识和经验来源，人工智能必须从大量的历史数据中分析数据变化趋势和提取潜在的规律，才能学习得到合适的模型，对未知的数据做出正确的预测。这些历史数据也称"训练数据"。2016年击败世界冠军李世石的围棋机器人AlphaGo，正是从数不胜数的棋谱中学习如何对弈，并成为超越人类的围棋高手。一般来说，参与训练的数据量越大，得到的模型越准确。

有这三大基石的支持，机器便可以不眠不休地进行学习，得到越来越精确的模型。

3. 学什么？——分类、回归和聚类

机器学习到底能够学什么？机器学习主要有这三大任务：分类、回归和聚类。

分类是机器学习最常见的任务之一，机器需要学习历史数据中输入数据和其分类标签的对应关系及规律，并预测未知数据的分类标签。常见的分类任务有图像分类、垃圾邮件分类等。

例如，垃圾邮件过滤技术把邮件分为正常邮件和垃圾邮件两大类，并从历史数据中学习打标签的规律——根据发件人地址、邮件的标题和内容等信息，确定什么样的邮件应该打上"垃圾邮

件"的标签，什么样的邮件又算是"正常邮件"。当有新邮件到来时，系统便能预测它属于哪种邮件，并帮我们把它认为的垃圾邮件丢到垃圾箱。

分类任务需要机器预测数据的分类标签，分类标签往往是离散的，因为类别数一般是有限的。而回归任务则要预测连续的输出值，它的取值有无限种可能。房价预测、股价预测等都属于回归任务，它们所预测的金额是连续的数值。

分类任务和回归任务都需要机器学习输入数据和输出标签之间的关系，并预测数据的正确输出。而聚类任务不同，它不需要对输出标签进行预测，而是学习数据潜在的分布规律，根据数据样本的相似度，将样本划分为不同的集合，使得同一个集合内样本相似，不同集合的样本相异，实现"物以类聚"的效果。这些"集合"也被称为"类"或"簇"。用户画像是聚类分析的一个应用，该技术常用于精准营销，根据客户的消费特征进行聚类，对不同类的客户使用不同的营销策略。

4. 怎么学？——有监督学习、无监督学习与强化学习

回想一下，你在学生时代是怎么学习的？你的学生时代免不了测验和考试——你通过不断学习，使你在测验中写下的答案和标准答案尽可能接近，你的答案和正确答案差异越小，你拿到的分数越高，证明你学得越好。与此类似，机器学习的一个重要原理是学习合适的模型，使得训练数据上预测输出标签和真实输出标签的差异能够最小化。

机器学习就像一场"应试教育"，训练数据的输出标签对机器学习非常重要，因为它们将直接指导机器学习的过程。输出标签也称为机器学习训练的监督信息。根据监督信息，机器学习主要可以分为有监督学习、无监督学习和强化学习（图2-3）。

图2-3　机器学习的类别划分

有监督学习，即"有监督信息的学习"，参与训练的数据都带有正确的输出标签，机器需要去学习数据的输入和输出之间的对应关系。分类任务和回归任务都通过有监督学习来实现。

无监督学习的训练数据则不带有输出标签。无监督学习就像学习一份没有参考答案的习题，没有了监督信息的指导和反馈，机器只能够从"习题"中找出它们的规律和关联，即学习输入的未标记数据的分布信息。聚类任务是无监督学习中最经典的学习任务。

此外，机器学习还有半监督学习、弱监督学习的方法。半监督学习指一部分训练数据带有标签，而另外一部分没有。弱监督学习则指训练中虽然有监督信息，但标签可能不完整、不正确，或太过含糊。

与半监督学习、弱监督学习相比较时，有监督学习也称为"完全监督学习"，表示它的数据标签被认为是完整的、正确的。给数据打标签，也称为数据标记，往往是一个费时费力的过程，通常需要大量的人工操作。因此，研究半监督学习、弱监督学习和无监督学习对机器学习有很大的意义，如果不需要完整确切的监督信息也能达到与有监督学习相近的学习效果，那么就可以成功省下不少的人力和物力。

强化学习则是一种通过不断"试错和奖励"来学习的方式。不同于上述监督学习，强化学习并不直接指导机器要学习的方法或技巧，而是通过对机器大量动作产生的结果进行评价，让机器往奖励高的方向发展，以此作为"强化"过程。

（三）机器学习的经典算法模型

1. 观其友，知其人——K近邻算法

我们知道，机器学习根据历史的数据信息，对新数据样本进行预测。怎样预测呢？"近邻思想"是一种非常直观的思路。假设你想要认识一位陌生人，可以从他身边的朋友开始，观察他的朋友都是什么人，那么他极有可能也是同一类人。同样地，要预测一个未知的新样本，可以找到与它相似的已知样本，将它的标签预测为这个已知样本的标签。

K近邻是机器学习领域最简单的算法之一，常用于处理分类问题。顾名思义，K近邻算法从训练数据集中找到与待分类样本最接近的K个"邻居"，再统计这K个邻居样本中数目最多的分类标签，可认为待分类样本属于此类。

图2-4展示了K近邻算法预测分类标签的过程。此处K取值为3，即找到距离待分类样本最近的3个近邻样本。根据这3个近邻样本的分类标签统计结果，认为待分类样本应被预测为分类2。

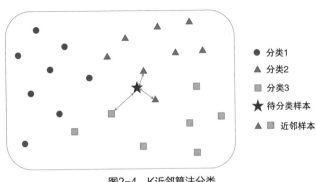

图2-4　K近邻算法分类

　　K近邻算法在使用时，需要考虑两个关键问题：一是如何定义样本的距离，这将直接影响到算法找到的"邻居"会有哪些。我们希望样本间的距离能够正确地反映它们的相似程度。对于简单的数据，可直接计算待分类样本与其近邻样本之间的直线距离。但是，对于复杂的数据，可能需要设计新的距离计算方式。二是数值K的选择。算法选择K个"邻居"来参与对新样本标签的"投票"。当K取值为1时，K近邻算法也称为最近邻算法，此时预测结果完全依赖于最近的一个"邻居"，出错的风险较大，尤其是当数据集中存在较多的异常值时。如果K太大，参与"投票"的成员有可能包含距离太远的样本，这也可能对"投票"不利。K的取值会对预测结果产生重大影响，要选择合适的K值，往往需要通过数据集验证。

　　2. 规划你的周末——决策树

　　机器学习的预测也可以被认为是一个对输出进行决策的过程。试想一下，我们平时是怎么做决策的？例如，我们在规划周末的活动时，可能会考虑很多因素：天气如何？有谁同行？要不要加班？要不要带小孩？我们根据这些问题的回答，决定周末安排什么活动。图2-5展示了某人"周末安排什么活动"的决策过程。这种通过不断获取信息，逐渐缩小输出范围，达到最终结论的决策方式，正体现了决策树的思想。

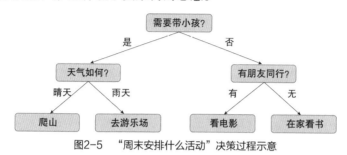

图2-5　"周末安排什么活动"决策过程示意

决策树是机器学习的另一个常用的经典模型，可以用于分类和回归问题。决策树中，最底层的"叶子"节点表示输出标签，其他的非"叶子"节点则包含一个属性。数据的属性也称为"特征"，是决策树在决策中考虑的因素。根据具体的属性值，决策树把上一级节点的样本划分到下一级节点中，直至到达"叶子"节点，得到最终决策输出。

如何构建一棵决策树？决策树的构建方式是选择某个特征作为下一个节点的划分依据。特征选择的基本思路是选择能最大限度地对当前节点的样本进行划分的特征。哪个特征能够实现最大限度的划分，正是机器从历史数据中学习来的。例如，我们曾做过多次周末计划，才逐渐明白要考虑哪些因素，才能够更快地找到合适的活动。

"划分限度"的衡量标准通常是"信息增益"。信息量增大，问题的不确定性就会下降。我们希望能够根据带来最大信息增益的特征对节点进行划分，这样得到的下一级节点就能够尽可能降低最终输出的不确定度，我们也就能更快地接近最终结论。

显然，通常越接近根节点的特征对决策越重要，能够排除掉越多的可能性。例如，在图2-5的例子中，这个人把"是否需要带小孩"当作安排周末活动的首要考虑因素。构建决策树除了能够让我们预测新样本的决策输出，还能帮助我们发现和比较数据不同特征的重要程度。

3. "最优"的决策边界——支持向量机

构建分类模型的一个关键是找到合适的分类边界。如图2-6所示，边界的两侧表示两种不同的类别，对任意一个数据样本，我们只要知道它在边界的哪一侧，就能知道它属于哪个类别。这个边界也称为机器学习的决策边界。

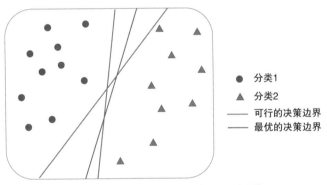

● 分类1
▲ 分类2
—— 可行的决策边界
—— 最优的决策边界

图2-6 分类问题的决策边界（以直线为例）

从图2-6可以看出，对相同的数据，想要画一条能够区分所有样本的边界，可能不止一种画法。机器需要从数据中学习这个决策边界应该怎么"画"，才能最大限度地把两类数据分开，并且尽可能对新的数据也能正确分类。一种有效的方法是使用支持向量机。

支持向量机是一种性能非常强的分类模型，能够计算最优的决策边界。其中，最简单的是线性SVM。线性SVM在二维情形下是能把平面中的数据样本划分为两类的直线，在三维情形下则是对三维空间进行划分的平面。对复杂的数据，线性支持向量机性能有限，我们还可以使用核SVM，此时决策边界是更复杂的曲线、曲面。

支持向量机的原理是求解一条最优的决策边界，使得这条边界到两个类别最近的样本点的距离尽可能大。这些距离边界最近的训练样本也称为"支持向量"，因此这种分类器叫作"支持向量机"。算法认为，让两个类别的样本点都尽量远离决策边界，这样得到的决策边界是更可靠的，更可能对新样本正确分类。

4. 预测今日股份——回归模型

我们知道，回归任务要预测连续的输出值。回归模型需要拟合的是输入到输出的函数，例如，在二维情形下，回归任务希望找到一条能够尽量贴近每一个样本点的曲线（图2-7）。获得合适的回归模型后，对新的数据，我们找到输入数据在曲线上对应的输出值，就能得到预测的结果。

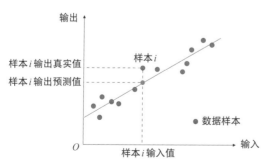

图2-7　二维情形（单变量情形）下的线性回归模型

如何确定这一条曲线？首先，我们需要确定曲线的形式。最简单的是线性回归模型，它是一条特殊的曲线：直线。如果是更高维度的情形，线性回归模型则是空间内的一个线性超平面。非线性回归模型可以得到更复杂的曲线、曲面，能够更精确地拟合每一个样本点。

确定曲线的形式后，我们需要通过训练数据，求解最优的曲线参数，使曲线尽可能贴近每一个样本点。二维情形下，线性回归模型的参数包括它的斜率和截距。我们把样本的输入数据在曲线上对应的输出值称为预测值，而它的实际输出值则为真实值。回归算法会计算并确定曲线的参数，使得曲线在已知数据中，预测值和真实值的误差最小。

回归模型在生活中的应用非常广泛，如预测房价、股价、收入、电影票房等数据。

（四）实战机器学习

1. 任务简介：共享单车的投放和维护

共享单车作为解决"最后一公里"问题的利剑，已成为日常生活中不可或缺的一种出行工具。道路上每天运行的共享单车需求量不同，根据未来的各项条件预测当日的需求量，从而决定投放数量和维护数量，是保证共享单车正常运行的重要路径。

我们想要构建一个机器学习模型，输入与共享单车需求量相关的因素，得到当天应该投放和维护的共享单车的数量。让我们通过这个简单而实际的例子，体验机器学习的完整过程。

2. 数据的获取与清洗

首先我们要获取相应的历史数据，构建训练数据集，才能用来训练我们的机器学习模型。怎么知道要采集哪些数据呢？

我们先将所有可能涉及的因素都找出来。从经验出发，一般在下雨或闷热的天气，我们骑行的需求会减少，周末和假期出行的人数往往多于工作日出行的人数等。

据此分析，我们需要收集一个时间段里，每日的天气、平均气温、体感温度、湿度及当天是否为假期等数据。当然，别忘了记录当天共享单车的实际使用量。我们把每一天的数据作为一个数据样本，每个样本包括是否为节假日（holiday）、温度（temp）、体感温度（atemp）、湿度（hum）、风速（windspeed）五个属性，而共享单车的实际使用量（cnt）则是对应的输出标签。

确定了要收集的数据，接下来就要从多个渠道来获取这些数据，构建本次机器学习任务的数据集。本案例使用论文提供的数据集中的部分数据。[13] 图2-8列举了一些数据样本的例子。每一行代表一个数据样本，每一列表示一个属性。

	节假日	温度	体感温度	湿度	风速	共享单车的实际使用量
0	0	0.344167	0.363625	0.805833	0.160446	985
1	1	0.175833	0.176771	0.537500	0.194017	1000
2	0	0.363478	0.353739	0.696087	0.248539	801
3	1	0.303333	0.284075	0.605000	0.307846	1107
4	0	0.196364	0.189405	0.437273	0.248309	1349

图2-8 一些数据样本的例子

在使用数据集之前，还要对数据集进行数据预处理。数据清洗是数据预处理的重要环节。数据清洗的目的包括降低数据的不完整性、不一致性，减少数据的噪声和冗余。数据的不完整性指在收集数据的过程中，人为失误或者客观因素导致的数据缺失或不确定等。数据的不一致性指同一个属性的数据出现了差异，这往往会导致后续的数据处理出现问题。数据的噪声指数据中的错误值、异常值，需要在预处理的过程中进行剔除，避免对模型学习造成影响。数据冗余则是无意义的数据重复，同样需要进行剔除。

经过清洗后的数据更"干净"，有利于更高效的机器学习。此外，数据预处理还包括数据的变换、离散化等操作。例如，数据的归一化、标准化等属于数据的变换操作，它们可以规范数据的大小范围，保证所有特征的数值大小和差异程度基本一致，对训练某些类型的机器学习模型非常必要。图2-8中的数值都是经过归一化处理的结果。

3. 特征选择，筛选"有用"的数据属性

下一个重要的工作是特征选择。

数据可以有多个属性，但并不是所有属性都对机器学习有用。只有对解决问题有影响的属性才能被称为"特征"，特征选择就是要筛选出这些特征。在构建机器学习项目时，数据采集、预处理和特征选择往往占据绝大部分时间，可见它们的重要性。

我们可以通过计算每个属性与输出标签"共享单车的实际使用量"的关联性来判断该属性对做出投放或维护单车数的决策的重要程度。使用编程语言Python里的seaborn库对属性和输出标签的相关性进行可视化处理，获得热力图，如图2-9所示。热力图使属性两两之间的相关性可视化了。图中，色块上数值是它对应的横坐标和纵坐标代表的属性的相关性系数，绝对值越大，两个属性越相关，数值的正负表示两个属性是正相关还是负相关。我们还能借助色块的颜色来对数值的大小有一个初步的判断。

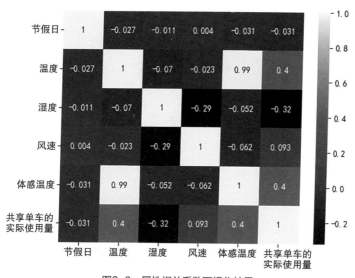

图2-9　属性相关系数可视化结果

由于我们只关心属性与输出标签"共享单车的实际使用量"的相关性，我们首先观察热力图的最后一行或最后一列。从图中可见，"是否为节假日"和"风速"与"共享单车的实际使用量"的相关性系数都低于0.1，说明这两个属性与"共享单车的使用量"关系不大。为了使机器学习更加高效，我们选择舍去这两个属性。

继续观察热力图，我们还发现属性"温度"和"体感温度"的相关性系数高达0.99。这说明这两个属性可以看作同一个指标，可以相互替代。为了减少数据的冗余性，我们只选择"温度"这一属性来作为机器学习模型用到的特征，舍去"体感温度"属性。

最终，我们选择"温度"和"湿度"这两个与输出标签的相关性较强的属性作为特征。

提取出需要的特征后，我们将数据按照7∶3的比例随机划分为训练集和验证集。训练集的数据将用于接下来的机器学习模型的训练，而验证集的数据不参与训练。在模型训练到一定程度以后，验证集的数据作为模型没见过的数据，验证模型在新数据上的正确率，帮助我们了解模型的学习程度，让我们能够及时调整学习策略。

4. 构建你的机器学习模型

有了特征，就可以进行建模和训练了。我们需要设计一个机器学习模型，将各个特征作为输入变量，去尝试拟合它们与输出标签，即"共享单车的实际使用量"的关系。容易发现这是一个回归问题，且输入的特征有两个，因此我们尝试采用二变量线性回归模型。

由于本案例中输出的共享单车使用量必定为正数，为了使输出值只能为正值，我们用对数函数对线性拟合进行优化，并在结果预测时，用指数函数进行还原。

我们使用训练集的数据对线性回归模型进行训练，计算在训练集上能取得最小误差的回归参数。本案例使用scikit-learn机器学习库中的LinearRegression模块来实现线性回归模型的学习。

5. 你预测得准确吗

模型训练完成后，需要对效果进行评估。此时验证集就派上用场了。我们需要计算验证集数据的预测值和真实值的差异，差异越小，说明我们的模型学习得越好，越能够对新样本做出正确的预测。

　　人们通过设计一些指标来评估机器学习模型的学习效果。不同的任务采用不同的指标。对于分类问题，我们最熟悉的指标无疑是分类正确率，即分类正确的样本数与总样本数的比值。例如，我们总共有10个数据样本，其中9个样本预测到了正确的分类，那么模型的准确率就是90%。对于回归问题，一个常用的指标是均方误差（mean-square error，MSE）：所有样本的预测值与真实值之差的平方和的平均值。均分误差越低，表示预测结果与真实结果越接近。

　　此外，我们还可以直接观察预测结果和真实结果的具体数值。例如，在本案例中，我们在验证集中选择了10个样本，它们的预测结果和真实结果如图2-10所示。

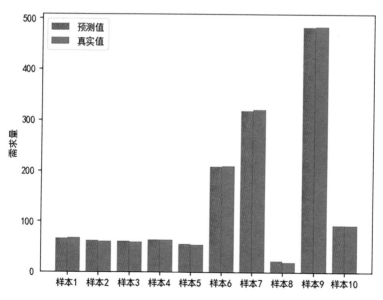

图2-10　验证集上10个样本的预测结果和真实结果对比

可以看到，我们选择的样本的预测结果和真实结果误差较小，这说明我们得到的模型已经较好地拟合输入和输出的关系。

结合均方误差等评价指标，我们可以对模型的预测效果做出判断。如果模型的出错程度超出了我们的接受范围，我们需要重新训练模型。一般来说，我们可以通过对模型的训练方法进行调整和优化来提升它的性能。如果所用的模型学习效果不尽如人意，可以改用更复杂的模型或者考虑增添其他特征，提高机器学习的学习能力和预测准确率。

得到最终的模型以后，我们只要记录未来某日的气温和湿度，就能预测共享单车的使用量，据此进行单车的投放和维护。

二、给机器人造一套神经系统

在上一节中，我们认识了传统的机器学习模型，本节我们将聚焦机器学习中最热门的技术——深度学习。

（一）神经网络，机器学习的"核武器"

与"深度学习"这个词经常同时出现的，是"神经网络"。深度学习一般指使用层数较深的神经网络进行机器学习，"深度"特指神经云的层次之深。目前大多数性能优秀、准确率高的神经网络都是深度神经网络，因此，深度学习成了神经网络，乃至机器学习的代名词。

训练神经网络的本质是学习一个从输入到输出的函数，向它输入数据，它就能输出我们想要的结果。例如，在动物识别任务中，输入一张动物图片，网络就能输出动物的名称（图2-11）。这个神经网络实质上就是拟合从动物图片到动物名称的函数。

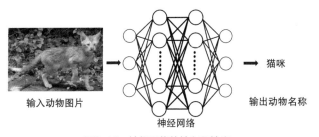

图2-11　神经网络的输入和输出

　　更宏观地来看，这个函数的作用是做一种空间映射。映射的输入空间包含了所有可能的问题的集合，比如所有动物的图片，包括现实照片、水彩画、卡通画等；输出空间是输入对应的可能的解的集合，比如所有动物的名称。函数映射的目标是找到二者的对应关系，并为新的问题给出可能性最大的解。

（二）从零开始搭建你的神经网络

1. 神经网络的组成单位——人工神经元

　　要认识神经网络，我们就要了解它的基本组成单位：人工神经元。

　　我们先来了解生物神经元（图2-12）。神经元是神经系统最基本的结构和功能单位，其树突和轴突分别具有收集整合输入信息和传递信息的作用，相当于神经元结构的"输入端"和"输出端"。神经元与其他多个神经元连接，构成规模庞大且结构复杂的网络结构，称为神经网络。

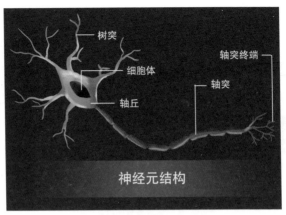

图2-12　生物神经元的结构

　　人工神经元仿照生物神经元的结构，对生物神经元的功能进行模拟（图2-13）。归纳起来，可以将单个人工神经元的功能表述为：输入、计算、决策、输出。

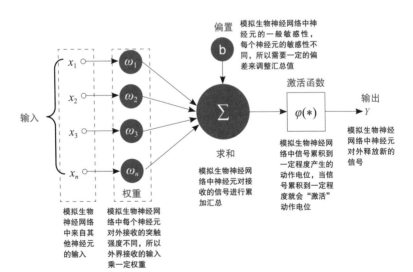

图2-13　人工神经元的结构和计算过程

与生物神经元相似，人工神经元也能接收来自其他神经元的输出信号以及其他的额外输入（偏置）。神经元内部计算分为加权、求和、偏置三部分：加权是给每个输入分配单独的权重，用于模拟生物神经元不同的突触强度；求和是对所有输入的信号进行汇总；偏置是给汇总结果增加一个偏移量，模拟生物神经元的个体敏感性。

决策过程也称为激活过程。神经元根据上一步计算结果，由特定函数计算后得到的结果决定是否输出及输出多少到下一个神经元。这个特定函数也称为"激活函数"。对神经网络而言，激活函数能够为网络添加非线性元素，增强网络的拟合能力。

我们已经了解了单个人工神经元的原理，接下来，我们就可以用多个人工神经元来搭建简单的神经网络了。

2. 感知机，从单层到多层

我们要搭建的第一种神经网络是感知机（perceptron）。从最简单的开始，我们先来认识只有一层神经元的单层感知机。

单层感知机也称作单层前馈神经网络，是一种最简单的人工神经网络，它是一种由一层神经元构成的，可用于线性二分类任务的结构［图2-14（a）］。但是，单层感知机是一个线性模型，其学习能力是相当有限的。例如，图2-15所示的是一个"异或"问题——找到一条决策边界，将蓝色圆形和橙色三角形两种样本点分开。

作为一个线性模型，在二维情形下，单层感知机得到的决策边界只能是一条直线。我们会发现，无论我们怎么画，都没办法找到一条直线把橙色和蓝色样本区分开。如图2-15（a）所示，这种无法用线性模型区分的数据分布，称为"线性不可分"。

怎样处理线性不可分的数据？我们可以采用一个能够实现非线性分类的神经网络——多层感知机。只要在感知机的基础上多加一层或多层中间层神经元［图2-14（b）］，就能提高模型的拟合能力，实现非线性分类。多层感知机的神经元采用全连接的方式进行信息传递，输入层和中间层的每一个神经元，都与下一层的所有神经元连接。相邻两层的神经元之间也存在求和关系，且求和结果需要通过激活函数，才能传递到下一层神经元。这种结构也称作全连接神经网络。

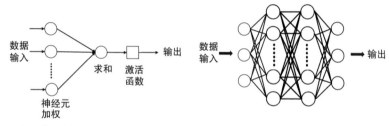

（a）单层感知机（只有一层神经元）　　　　（b）多层感知机（有多层神经元）

图2-14　单层感知机与多层感知机

为什么增加一层或多层神经元之后，感知机就有了非线性拟合能力呢？这是因为我们在中间层中使用了非线性的激活函数，这使神经网络在理论上能够拟合任何非线性函数［图2-15（b）］。如果没有中间层的激活函数，每一层的输出仍然是上一层输出的线性组合，纵使神经网络的层数再多，也没有表达非线性拟合的能力。

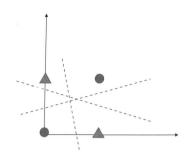
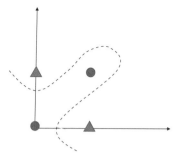

（a）单层感知机无法处理"异或"问题　　　（b）多层感知机可以处理"异或"问题

图2-15　感知机处理"异或"问题

3. 越来越深，越来越强

感知机通过增加层数，能够增强拟合能力，解决更复杂的问题。我们不禁猜想：是不是神经网络使用的神经元层数越多，模型就越强大呢？理想状况下，是的！这种通过堆叠神经元层数来进行优化学习的模型就是深度神经网络，这种机器学习的方式叫作深度学习。

深度学习的强大之处在于它夸张的函数拟合能力。万能近似定理（universal approximation theorem）表明，一个神经网络如果使用合适的激活函数，只要有足够多的隐藏神经元，就能以任意的精度去近似一个函数。这个函数是真实存在的，尽管它可能很难以数学形式写出来，但我们只要把数据抛给神经网络，它就会告诉我们函数输出的结果。

按照上述理论，如果深度学习拥有无穷的拟合能力，我们只要在神经网络中加入尽可能多的参数，它就能解决尽可能多的问题。一般来说，深度神经网络的神经元层数越多，它的学习和函数拟合的能力就越强。

但是，一方面深度神经网络的训练通常需要大量的数据，且越庞大的网络，需要的计算量越大，训练时间也越长；另一方面，深度学习随着网络层数的增加，还容易出现过拟合问题，即学习到的函数过于复杂（图2-16），虽然在训练数据中能取得较高的精度，却丢失了泛化能力，这种模型无法对没有见过的新数据做出正确的预测。

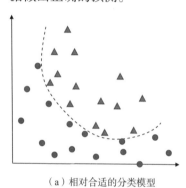

（a）相对合适的分类模型　　　　　　　（b）过拟合的分类模型

图2-16　分类模型

4. 训练你的神经网络

神经网络强大的拟合能力并非与生俱来。和传统的机器学习模型一样，神经网络也需要使用数据来进行训练，学习合适的内部参数，使其能够最好地拟合训练数据的"输入—输出"关系。

在训练之初，神经网络的内部参数通常是随机初始化的。模型什么都不会，只能胡乱猜测。当模型分类错误时，我们依据错误的类型对神经元的参数进行更新，让它在下一次选择的表现更好。在训练过程中，神经网络不断学习和调整内部参数，直到根据输入的数据样本计算出正确的输出。

经过次数足够多的训练，神经网络能够找到一个对几乎所有见过的数据都能得到正确输出的模型。神经网络训练好以后，只要有新数据输入，就能通过内部计算，得到预测的输出结果。

（三）认识经典的神经网络

1. 神奇的图像处理器——卷积神经网络

卷积神经网络（convolutional neural networks，CNN）[14]是一种经典的神经网络模型，常用于处理图像数据，是机器学习在图像和视觉领域的守门员。

和其他类型的数据相比，图像数据一般有如下特点：首先，数据量巨大。一张图像通常由多个像素组成，每个像素需要多个参数来表示它的颜色。例如，按照RGB格式，颜色表示为红、绿、蓝三原色的叠加，因此需要3个数值。一张高清的彩色图片甚至需要由数百万个数值来表示。其次，像素之间具有位置关系。表达同一信息（例如属于同一物体）的像素通常距离相近。也就是说，在神经网络训练时，像素的空间信息不能丢失，除了每个像素的数值本身，神经网络还需要学习它们的位置关系，才能对图像的内容有充分的理解。卷积神经网络的神奇之处在于在压缩图像数据量的同时，保留了像素之间的相对位置关系。

卷积层和池化层是卷积神经网络独有的结构。卷积层使用卷积操作，从图像中提取局部特征。卷积操作可以理解为用一个过滤器扫过图像的每一个角落，过滤得到的信息就是每个区域的特征。这种过滤器也称为卷积核。使用不同的卷积核，可以得到不同的图像特征。池化层对提取的特征进行压缩，获得最有代表性的特征，实现特征快速降维，减少后期计算量。卷积神经网络最后再接上全连接层，根据提取的特征，做出最终决策，输出结果。

不难看出，卷积神经网络模仿了人类视觉的处理过程，也符合图像处理的原则：降低图像分辨率通常不影响人对物体的辨识能力。从局部到整体的抽象顺序也是大脑信号处理的认知过程。卷积神经网络也体现了深度学习的基本思想：通过组合低层特征形成更加抽象的高层特征，赋予机器由浅至深的理解能力。

2. "过目成诵"的循环神经网络

循环神经网络（recurrent neural network，RNN）[15]是另一种经典的神经网络，主要用于处理序列数据，例如文本数据。

前面提及的机器学习算法大多是输入与输出一一对应，前一个输入与后一个输入之间没有关联，数据输入的前后顺序对网络本身没有影响，先学哪一个都能获得相近的最终效果。但在某些场景中，输入的是具有明显的上下文特征的数据，这样的数据称为数据流。数据流有极强的序列性，文本数据便是其中一个例子，此外，音频和视频是按照时间顺序播放的，这样的序列被称为时间序列。在处理这些数据时，神经网络不能忽略了数据的上下文特征。循环神经网络能够很好地学习这些数据。

循环神经网络的基本原理是，把上一次训练的输出结果带到本次训练的隐藏层中，辅以新的输入，获取本次输出。也就是说，循环神经网络的输出不仅跟当前输入有关，还包括了之前输入的信息。

循环神经网络模拟了人类阅读一段文本的过程：从前到后阅读文本中的每一个词，前面阅读到的信息将会影响对后面文字的理解。循环神经网络赋予了神经网络记忆的能力。例如，我们可以通过逐字输入的方法，向神经网络输入一段文字，每一个字的输出结果都会对下一个字的输出结果产生影响。训练结束后，我们只要取最后一层的输出，便能得到这个神经网络对全文的理解。

原始的循环神经网络在实际训练中会产生一些问题。一个重要的问题是，虽然网络拥有记忆，但是越"远"的输入，其信息在最后一层输出中保留得越少，短期记忆的影响慢慢侵蚀了长期记忆，这容易造成实际应用中信息的遗漏或丢失。长短期记忆网络（long short-term memory，LSTM）是循环神经网络的改进版，通过加入了"门"的结构，选择性地保留重要信息的长期记忆，而对重要性有限的信息则部分保留或直接遗忘，减轻网络负担。长短期记忆网络在自然语言处理领域有着深远的影响。

三、智能计算，人工智能的"仿生学"

人工智能可以帮助我们做出预测和决策——人工神经网络等机器学习模型能够根据数据输入，得到最可能的输出。但我们在生活中还会遇到另一种问题：优化问题。优化问题指在满足一定条件下，确定最优方案或最优参数组合，使得系统的某个目标指标达到最大值或最小值。例如，资源如何配置才能得到最大收益，日程如何安排可以最省时间，路程如何规划能够最省成本等。我们一般把这些可行的方案称为"可行解"，而最优方案则称为"最优解"。

对优化问题，人工智能同样能为我们出谋划策。人工智能用来解决优化问题的常用工具是智能计算，它是受逻辑推理、生物智能或根据大自然现象规律的启发而设计的一系列算法。本节我们将逐一了解这些算法如何求解最优问题。

（一）计算你的最优方案

1. 最简单的办法：穷举法和贪心法

要求得一个最优方案，有两种最简单直接的方法：穷举法和贪心法。

旅行途中，如果想不起来带锁行李箱的3位数字密码，你会怎么办？你很可能会采用这样一种办法：从"000"到"999"按顺序逐一尝试每一种数字组合，最终必定能够得到正确密码（图2-17）。这就是搜索问题中最简单的办法：穷举法。优化问题可以看作最优解的搜索问题，穷举法搜索每一种可能性，通过比较每一种可能的方案，得到其中最优者。显然，穷举法必定能够找到所有可能中的最优解。这种最优解也称为全局最优解。

图2-17　用穷举法找到行李箱的密码

然而，穷举法的效率是极其低下的。如果是打麻将，我们是不是也能按照穷举法，每次都胡出"清一色"或是"七小对"呢？显然是不可能的。我们并不知道剩余的牌面是什么，可能的情况数不胜数，根本无法一一列举。

此时想要胡一手好牌，我们一般这样做：在当前出现的所有牌中保留最可能胡的组合，舍弃可能性最小的组合。这就是贪心法。贪心法又称"贪婪算法"，它只追求当前状态的最优解，不考虑未来会发生什么。贪心法能很快地得到一个可行的方案，效率显然比穷举法高多了。

2. 不谋全局者，不足以谋一域

那么，我们用贪心法得到的方案，是不是全局最优解呢？

很遗憾，贪心法只能得到一个局部最优解。贪心法在每一步都做出仅对当前状态最有利的选择，但不会关心这个选择会不会对后面、对全局不利。因此，贪心法不能保证得到全局最优解。

在某些特殊的情形下，局部最优解的集合等同于全局最优解。但是，对大多数的优化问题，二者并不相等。只找到局部最优解远远不够，我们解决一个优化问题的"终极目标"，是找到它的全局最优解。

贪心法作为一种基础的最优解搜索算法，为很多其他的算法提供了可能的思路和方向。贪心法的局限在于它"目光短浅"，只考虑眼前的最大利益，忽略了未来。很多其他最优解搜索算法对此进行了改进，例如添加"对未来的估计"，这个"估计"可以通过一个启发函数来表示。

求解全局最优解往往是困难的。对一些复杂的优化问题，即使使用再巧妙的算法，也很难保证能够得到全局最优解。在生产和科研领域，电子、自动化、社会学、机械等学科交汇下的大型组合优化问题，要想找到一种合适的解决方案十分困难。受自然现象、生物演化、群体社会性等规律的启发，人们设计了多种智能优化算法来应对上述复杂的优化问题，企图找到一个尽可能接近全局最优解的局部最优解。

（二）智能计算：来自大自然的灵感

1. 遗传算法：优胜劣汰，适者生存

自然界中的生物在严酷的环境中优胜劣汰，通过遗传、变异在自然选择下不断进化，促使了生物多样性的出现，维持着生态平衡。假如将优化问题看作生存问题，人们暂且充当造物主的角色，把对解的选择和淘汰的过程看作生物的进化过程，这便是一种智能优化算法——进化计算（evolutionary computation），它是人工智能三大学派中"进化主义"学派的代表。

遗传算法（genetic algorithm）是进化计算的一种代表性算法，它模仿达尔文的进化论和孟德尔的遗传学说，涉及染色体、基因型、表现型、适应度、编码、交叉、变异、种群等生物学知识。遗传算法中的解决方案用染色体表示，具有染色体的基因组形成个体，从个体水平衡量染色体对环境的适应度，以评价解决方案在特定任务下的优劣情况。

遗传算法的计算流程主要包括以下步骤（图2–18）。

（1）初始化。算法随机初始化若干个可行解，作为种群中的若干个体，通过数字化编码的方式将其表示为基因型。

（2）自然选择。算法将设定一个"选择概率"，并通过目标函数计算每个个体的适应度，即每个方案对应目标指标的高低。适应度越低，被淘汰的概率越高。该步骤模拟大自然的自然选择过程，淘汰适应度差的个体，选择适应度高的个体，也就是保留较优的可行解。

（3）交配。被选择保留的适应度高的个体作为父母，通过染色体复制和交叉的方式，即交换解的部分数值，繁殖下一代，获得新的可行解。

（4）变异。算法设定一个"变异率"，选择子代的部分染色体进行变异，即随机改变可行解中的某些数值。

反复执行以上过程，最终存活下来的都是适应度较高的个体，它们所代表的都是较优的解决方案。算法重复次数越多，我们越可能得到更优的解。

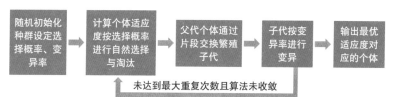

图2-18　遗传算法的计算流程

2. 模拟退火：不图小利，必有大谋

上文提到，贪心法易陷入局部最优解困境，不一定能搜索到全局最优解。为了改善这一问题，在搜索到局部最优解后，是否该继续尝试搜索更优的解呢？模拟退火算法赋予了搜索过程"接受更差解"的可能，比贪心法更加"目光长远"。

固体被加热后，高温状态下内部粒子无序分布，运动加快，随着温度降低，粒子运动逐渐放缓，并趋于有序排列，最后在常温下达到稳定态，这一过程称为退火过程。受此启发，模拟退火算法（simulated annealing algorithm，SAA）用固体退火模拟组合优化问题：在搜索过程中设置一个控制参数，用于限制进行下一步搜索的可能性。即使搜索到的值都比当前结果要差，控制参数仍然给出机会，决定是否接受这个更差的值并继续进行下一步搜索。随着搜索的深入，这个参数逐步衰减，直到终止搜索，此时被搜索到的局部最优解已经具有较高质量。

完整的模拟退火算法在目标函数的指导下，从初始解开始，朝最可能出现目标的方向搜索，随着算法的进行，解空间中的解渐渐被搜索到。

模拟退火算法能有效避免陷入局部最优解的困境，被证明是有概率收敛于全局最优解的全局最优算法——即使不能搜索到全局最优解，也可以在效率较高的条件下找到近似最优解。

3. 蚁群优化算法："群体"的智慧

蚁群优化算法（ant colony optimization，ACO）是一种仿生学算法，模拟了群体的智慧性，属于群智能算法。群智能是指自身无智能的个体，通过群体的合作表现出智能行为。群智能算法的灵感来自具有社会性的昆虫群体，如蚁群、蜂群和智慧等级较低的鸟群、鱼群，它们虽然没有大智慧，却能通过群体的力量，解决如寻路等复杂问题，对于个体无法解决的问题，通过群体的信息分享和行为效仿，实现具有智能的选择，找到解决方案。

蚂蚁在寻找食物的过程中，会依据地面上其他蚂蚁留下的信息素，判断行进的方向，同时留下自己的信息素供后来的蚂蚁辨别。从群体的角度来看，第一只前进的蚂蚁没有信息素的指导，只能凭运气寻路，向各个方向行进的可能性相同，它虽然会留下信息素，但信息素的存在会随着时间减少；后来的蚂蚁依据前蚁留下的信息素，走同一方向的概率增大，但也存在选择其他方向的可能；随着走过的蚂蚁越来越多，指向食物的正确方向上的信息素越来越密集，后来者选择这条路的概率也越高。这样的正反馈机制下，蚂蚁最终能够发现通向食物的最短路径（图2-19）。

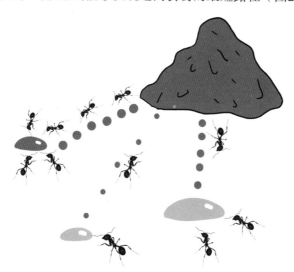

图2-19　蚁群在觅食过程中发现路径的行为

蚁群优化算法正是模拟此行为，数字化构建群体，通过不断地尝试和信息交互，直至达到最大迭代次数后终止。蚁群优化算法与前文所述的智能算法有个共通点：始终存在随机性。无论是初始的蚂蚁还是后来的蚂蚁，都有选择其他方向的概率，这意味着算法在搜索过程中始终有机会跳出局部最优解，也就有可能向更优的解前进了。

第三章

让人工智能
"看懂"世界

一、冷眼看世界

你一定知道，视觉是人类获取外界信息最基本的途径。那你是否知道，人工智能也有一双"火眼金睛"，处理图像和视频数据是人工智能最常见的任务？

人工智能到底是怎么"看"的？它是如何从输入中获取视觉信息，从而"看懂"一张图像的？让我们走进人工智能的"视觉"世界，看看人工智能如何"看懂"世界万物。

（一）看到了什么？看懂了什么

1. 多彩的世界，冰冷的数字

我们可以通过眼睛看到五彩斑斓的世界，那机器能看到的又是什么呢？

对我们人类来说，"看"似乎是一件非常自然的事情。世间万物在我们的眼睛中成像，通过视觉神经传输到大脑的视觉中枢，在大脑中形成对图像的感知。但对机器而言，图像是以数字的形式储存和处理的。无论我们眼中的景象多么美好，在机器眼里，它只是一堆数字。因此，图像需要通过数字化，将光学信号转化成数字信号后，才能输入到机器中进行处理（图3-1）。

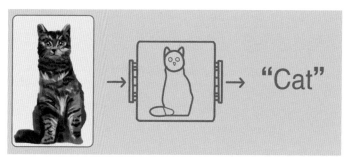
图3-1　计算机的视觉世界

图像在计算机中储存的基本单位是"像素"。一张图像在水平和垂直方向被分割为若干个小方格，每一个小方格就是一个像素点。像素点可以有多种表示格式，例如最常见的以RGB格式储存的彩色图像中，每个像素点表示为3个大小在0～255之间（包含0和255）的数字的组合，各个数字分别表示红、绿、蓝的像素强度。

此外，如果图像的每个像素点都要储存若干个数值，储存一个图像文件将需要较大的空间。为此，人们对图像进行压缩和编码，用更少的数据量来表示原始图像的内容。常见的图像压缩编码格式有BMP、JPEG等。

2. 特征提取，把像素"看懂"

既然图像在机器眼中是一堆数字，那么，机器如何"看懂"这些数字，从数字中获取必要的信息呢？

一张图像可以包含许多像素点，但是，并非每一个像素点都能提供有价值的信息。从输入图像中提炼出有效信息的过程称为图像特征提取，它是图像识别的关键步骤。

图像特征是一张图像区分于其他图像的特殊属性，主要包括图像的颜色特征、纹理特征、形状特征、空间关系特征。提取具有判别力的特征，即提取能够区分一张或一类图像的视觉信息，是图像特征提取的目标。例如，在花卉识别中，我们希望从图片中提取可以区分一种花卉和另一种花卉的信息，可能是花瓣、花蕊独特的颜色或形状等。

特征提取方法一般分为两种：传统的手工特征提取和基于深度学习的特征提取。传统特征提取算法通常基于图像主要特征信息来实现。

深度学习能实现图像特征的自动学习，而不再需要人们设计复杂的算法。往神经网络中输入图像和分类标签，网络便会自己去学习应该怎样去提取具有足够判别力的特征，从而得到正确的分类。深度学习被认为比传统算法有更强的特征表示能力。其中，更类似人类视觉工作机制的卷积神经网络是提取图像视觉特征的重要工具。

特征提取完成后，我们便可以用获得的特征向量来代表一张图像，根据特征比对来进行图像分类等决策。

（二）图像识别那些事

1. 图像分类五步走

现在，让我们一起了解人工智能实现图像识别的具体过程。

图像识别任务中，最常见的任务是对图像进行分类，一般需要如下5个步骤：图像数据的收集、预处理、特征提取、模型构建、分类决策。例如，输入一朵花的图片，让人工智能对它属于哪个品种进行分类（图3-2）。

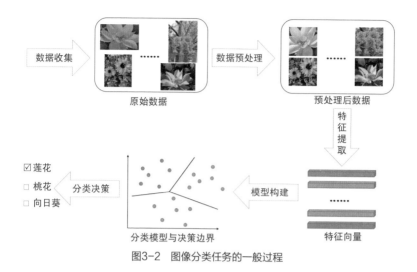

图3-2　图像分类任务的一般过程

与其他机器学习任务类似，数据是一切的基础。因此，第一步是获取足够的图像数据，一般通过摄像机、扫描仪等设备获取，并将数据数字化处理为适当的格式后储存。为了后续构建和训练分类模型，我们还需要对数据进行训练集、验证集的划分。

图像数据在交给人工智能学习之前，需要通过预处理。图像预处理可以包括：对图像进行平移、缩放等几何变换；对图像进行剪裁，把图中对象移至中央；通过平滑、锐化、去噪等操作实现图像增强，提高图像质量，突出图像中神经网络感兴趣的部分。

通过特征提取，我们对每个输入的图像进行计算得到一个特征向量，来表示这个样本。随后，我们需要构建分类模型来对数据样本进行分类，并使用训练集中的数据来训练模型，确定一个使错误率尽可能低的分类规则。机器学习分类模型有许多种，包括第二章介绍的K近邻、SVM和多层感知机等，均可用于图像分类。SVM模型是图像分类任务中常用的分类模型，它具有较强的分类性能，通常与传统特征提取算法搭配使用，在特征向量所在的空间中计算得到类别之间的最优决策边界。

训练完成后，我们便可以用验证集的数据对模型进行评估，验证模型的分类准确率，并利用最终得到的分类模型，对未知的图像样本进行分类预测。

2. 更强大的工具：深度学习

在深度学习兴起以前，机器一般采取"传统特征提取算法+分类器"的方法对图像进行特征提取和分类。随着深度学习的发展，神经网络与深度学习被应用在越来越多的机器学习任务中，展现出比传统方法更强大的性能。目前，深度学习已经成为图像识别的主流方法。

如果使用深度学习来实现图像分类，那么特征提取和分类可以合二为一：用神经网络来提取特征，并在最后加上一个全连接层，将输出的特征向量映射到分类类别上。我们可以把这个全连接层看作一个分类器，但实际上，全连接层和它前面负责提取特征的部分组合成一个完整的图像分类网络，作为一个整体参与训练、更新参数。

卷积神经网络一般被用来提取图像特征。由于图片中相邻的区域通常有较强的语义关联性，因此人类在看一张图片时，往往先认知局部区域，再理解图像的整体内容。与人类视觉机制类似，卷积神经网络能够通过卷积操作对图像进行局部感知，并在不同的网络层捕捉图像不同的视觉信息。例如，靠近输入的网络层提取浅层特征，包括颜色、纹理、边缘等细节信息，而靠近输出的网络层会得到深层特征，关注更抽象的语义信息。

此外，我们知道，一张图片有长和宽，图像数据至少是二维以上。如果使用普通的全连接神经网络，图像在输入前必须展平为一维，这将丢失很多像素之间的空间关系信息。而卷积神经网络允许输入二维以上的数据，能够保留图像的空间信息。正是这些特点，使卷积神经网络在图像识别上独擅胜场。

3. 大战图像识别

说到图像识别，我们不得不提及一项最具学术权威性的世界级图像识别大赛：ILSVRC（ImageNet large scale visual recognition challenge，ImageNet大规模视觉识别挑战赛）。

其中一项比赛任务是图像识别。用于比赛的ImageNet数据集包括大约120万张训练图片和1.5万张测试图片，共1 000个类别。参赛者们设计不同的图像识别方法，在数据集上训练和测试，准确率最高者为冠军。

第一届大赛于2010年举办。那时深度学习还没有兴起，大赛首届冠军正是采用了"传统特征提取算法+SVM分类"的方法来实现图像分类的。他们的方法取得了错误率为28.2%的成绩。

2012年是ILSVRC的一个重要时间节点。大赛冠军设计了一个叫作AlexNet[16]的神经网络结构。这个网络由5个卷积层和3个全连接层组成，把ImageNet数据集的图像识别错误率从上一年冠军的成绩25.8%一下子降到了16.4%，并以绝对优势在大赛上一举夺冠。AlexNet的成功惊动了整个计算机视觉界，卷积神经网络开始在计算机视觉任务上大放异彩。也正是从这一年开始，深度学习以惊人的速度发展起来。

自2012年以后，每一年都有经典的神经网络结构被提出，并不断刷新着比赛成绩。这些网络结构包括GoogLeNet（2014年冠军）、VGG（2014年亚军）、ResNet（2015年冠军）等。直到现在，这些神经网络结构仍被广泛用于各种计算机视觉任务中。

遗憾的是，这项图像识别的顶级赛事的"寿命"并不长。2017年的ILSVRC是最后一届——人们认为，机器的识别能力已经超过了人类，算法上也存在过拟合问题，比赛再继续下去意义不大。在收官赛上，ImageNet数据集的图像识别最低错误率被定格在2.3%。

尽管只举办过8届，ILSVRC却见证了许多经典的卷积神经网络模型的诞生，也见证了深度学习在计算机视觉任务上的腾飞。

二、人工智能助你辨物识人

图像识别是人工智能最广为人知的应用技术，我们经常会用到图像识别系统，例如：小区门禁的人脸识别系统能轻松认出业主的人脸；高速公路的ETC系统能快速识别通过车辆的车牌号码；我们在路上遇到不知名的花草，或逛街时见到感兴趣的商品，只要打开识图软件拍照上传，就能得到相关信息。

在本章，我们将继续探索人工智能"辨物识人"的本领，了解在智能时代，图像识别及其他计算机视觉技术在农业生产、工业制造、交通运输、安防、教育、康养等领域中扮演的重要角色。

（一）人工智能的"辨物之术"

1. 人工智能，你的农场管家

农业是国民经济的基础，发展智慧农业是智能时代的重要课题。有许多种人工智能技术可以赋能农业，图像识别便是其中重要的一种。

图像识别可用于农作物的病虫害鉴定，进而预防农作物疾病的感染和传播，减少损失、保证产量。农民只需要向机器输入疑似感染疾病的植物图片，系统便能够快速输出植物感染的疾病类别。

类似的应用还有杂草检测。杂草通常隐匿在农作物旁，与农作物外形相似，隐蔽性强，给人工检测带来难度。图像识别技术能够高效、准确地从农作物中识别杂草（图3-3）。

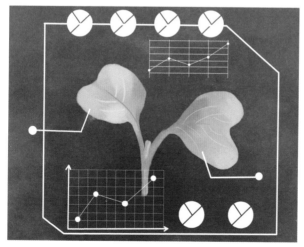

图3-3　杂草检测与分析

图像识别技术还能用于牲畜监测。智能摄像头能够在不惊动牲畜的前提下，对牲畜的日常行为进行监测，对识别到的不正常行为进行预警，使畜牧管理更加便捷。

2. 给你的工业产品颁发合格证

发展智能制造业，使工业制造自动化、智能化，是人工智能时代的重要任务。质量检测是工业制造的重要环节，图像识别是实现智能工业质量检测的关键技术。

在没有人工智能技术以前，工业产品的质量检测主要依靠质检人员或专家进行，需要较高的劳动成本，还可能因为鉴定者疲劳、粗心等造成判断失误。

产品外表是否存在划痕或凹陷、零件的尺寸和装配是否符合标准、表面印刷是否清晰等，都可以通过图像识别技术检测出来。与人工检测相比，人工智能拥有检测速度快、准确率高、全自动化等优势，这将大大提高工业检测的效率。

除了图像识别以外，机器视觉还能实现零件的定位、非接触测量等。此外，大数据、云计算、工业机器人等技术也纷纷与工业制造结合，帮助工业制造走上智能化的升级之路。

3. 让你的出行更加安全和便利

交通出行是现代生活必不可少的组成部分。如今，智慧交通日渐兴起，它由物联网、人工智能、自动控制、移动互联网等技术共同支撑，是一种基于现代电子信息技术的交通运输服务系统。那么在交通领域，在智慧交通系统里，图像识别等机器视觉技术又有哪些应用场景呢？我们来看几个例子。

图像识别可用于识别汽车牌照。车牌号码是一辆汽车的编号与登记信息，我们在驾车出入停车场、高速公路时，出入口的车牌智能识别系统能够帮助工作人员快速地识别车牌号码，对识别的车辆进行计费。

图像识别、目标检测等技术可用于车辆的监控与管理，例如统计道路车流量、检测交通事故，还能用于识别车辆是否存在非法占用车道等行为。

图像识别是自动驾驶技术的重要基础。自动驾驶系统需要依靠图像识别技术，对前方道路的指示牌、交通信号灯、路况等进行识别（图3-4）。图像识别技术令自动驾驶汽车能够合理地按照交通规则行驶，并及时帮助系统发现前方的行人和道路障碍物等，保证行驶安全。

图3-4　自动驾驶中的图像识别

（二）人工智能的"识人之术"

1. 你的脸有点眼熟

身份识别是图像识别的重要应用。我们在进入重点场所、登录系统账号前，经常需要验证自己的身份，证明"我是我"。指纹、声纹、人脸、虹膜等生物特征都是识别身份的可靠依据，人工智能可以准确快速地识别出这些特征。

图像识别在身份识别任务中最广为人知的技术无疑是人脸识别。人脸识别是一种基于人脸部信息的身份识别技术，一般分为两类：一类只需要比对两张图片是否属于同一人，判断"这是不是你"，例如人证比对；另一类需要识别给定图片中的人脸属于数据库的哪一个人，认出"你是谁"，例如考勤系统。人脸识别的步骤一般包括人脸检测、人脸对齐、特征提取和人脸匹配。

人脸识别比一般的图像识别要困难。因为人脸往往是相似的，不同人的脸的区分度要比猫和狗、莲花和桃花之间的区分度小得多。此外，受人脸角度、背景、光照、夸张的表情等因素的影响，即使是同一个人，在不同情形下拍的人脸照片也可能有很大差异。这些都为人脸识别模型带来挑战。

因此，人脸识别系统需要准确地提取人脸轮廓、五官结构、皮肤颜色及纹理等细节信息（图3-5）。和其他图像识别任务类似，提取具有判别力的特征是人脸识别成功的关键。目前，具有更强表征学习能力的深度学习方法是识别人脸特征的主要方法。

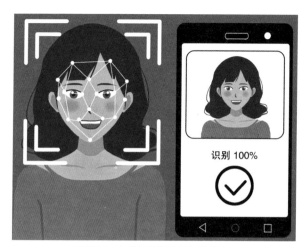

图3-5　人脸识别提取的细节信息

人脸识别系统在我们的生活中无处不在，我们出入设有门禁的场所、考勤打卡、办理银行业务、使用移动支付、使用面容解锁、访问重要信息等，都可以"刷脸"，用人脸识别技术验证自己的身份。

2.　人工智能抓小偷

我们在日常生活中经常会见到监控摄像头。藏在监控摄像头身后的人工智能是怎样把我们认出来的呢？它用到的技术叫作行人重识别。

行人重识别是一种图像检索任务，目的是从跨设备的行人图像数据库中检索、识别出目标人物。行人重识别在智能监控、智能安防、行人追踪等领域中有着重要的作用。例如，行人重识别技术常常被用于追捕小偷和犯罪嫌疑人，还能用来寻找走失的老人、儿童。

和人脸识别类似，行人重识别的主要任务也是识别人的身份，进行的步骤也非常相似。不同的是，人脸识别系统处理的往往是清晰的、特征明显的人脸正面照；而行人重识别处理的行人图片通常来源于监控摄像头，分辨率低，图像模糊，即使是高清摄像头也很难清晰地拍摄到人脸等与身份相关的细节。更麻烦的是，背景、遮挡物、行人的姿态等与身份无关的信息对行人重识别过程的干扰更加明显。

深度学习是学习行人身份特征的主要方法。很多成功的行人重识别模型不仅能从完整的图像中学习全局身份特征，还采用了"局部特征学习"法——对行人图像进行水平切割，或利用人体关键点检测得到人体不同部位的区域，再从各个局部区域分别提取特征，以捕捉更多的细粒度信息，得到更加鲁棒[①]和具有判别力的身份特征。

除了图像以外，行人重识别还可以基于行人视频进行识别。行人重识别模型可以从视频中学习行人的步态信息，根据步态特征来确认一个人的身份。

有了行人重识别技术，在智能监控下，小偷将无可遁形。

（三）人工智能的"知人之术"

1. 机器虽无情，能知你悲欢

人工智能不仅能认出你，还能看懂你的心情。

情感计算（affective computing）的目的是让机器能够感知和认知人类的情感。面部表情识别是情感计算领域的一个任务，可

---

① 鲁棒：单词robust（健壮）的音译，表示对变化、干扰或故障的容忍度高。

以使用图像识别技术来实现[17]。

面部表情识别一般被视为图像分类问题。其涉及的情感被划分为以下六种基本情感：愤怒、高兴、悲伤、惊讶、厌恶、恐惧。在实际的表情分类任务中，通常还会增添一个"中性表情"的类别，表示人脸上没有明显的表情。此外，由于表情是可以组合的，例如"惊喜"也是一种表情，它是"高兴"和"惊讶"的组合，因此表情识别任务还可能是复合表情分类，此时，机器需要处理的是一个多标签分类问题。更先进的系统还能识别焦虑、热情等更复杂的表情。

面部表情识别和人脸识别所输入的都是人脸图片，都需要经过人脸检测、对齐等预处理工作，但识别的目的截然不同：人脸识别需要确定人脸所属的人的身份，夸张的表情是人脸识别的无关信息；面部表情识别则需要对人脸表情进行分类，需要排除人脸的身份信息的干扰。即面部表情识别虽然也需要学习五官等人脸关键点的特征，但它与人脸识别需要提取的特征和排除的无关信息不尽相同（图3-6）。

图3-6　面部表情识别

面部表情识别能应用于多种场景。在疲劳驾驶检测任务中，可以使用面部表情识别方法提取人脸关键点特征信息，尤其是眼睛睁开的程度，以此分析驾驶员是否疲劳驾驶。面部表情识别也可以用于智慧教育，帮助教师了解学生的情绪和精神状态。企业也可以借助面部表情识别，在招聘时对应聘者的心理状态进行分析。

2. 你的一举一动，尽在机器眼中

除了能看懂你的心情，人工智能还能看懂你在做什么。

人体姿态识别是计算机视觉的基本任务之一。人体姿态识别的核心是人体骨骼关键点检测。关键点检测需要对人体的关键点进行定位，这些关键点包括人脸的五官和人体的关节，如眼睛、耳朵、鼻子、肩膀、手腕、膝盖等。根据人体关键点的位置，系统便可以识别人体的姿态。人体姿态识别也是动作和行为识别的基础。

人体姿态识别和动作识别在现实生活中应用广泛。家庭或养老院智能监护系统利用姿态识别技术，实时监测老人的身体姿态和动作，及时发现其是否有跌倒等异常行为。电影制作者可以通过姿态、动作识别捕捉演员的动作，制作人物电影特效。人体姿态识别和动作识别还能让人工智能成为你的健身教练，对你的动作进行评分。

与人体姿态识别类似的任务还有手势识别。非接触式的手势识别是人机交互的重要技术基础，广泛应用在智能手机、智慧屏、车载系统、游戏机等设备中，通过准确识别手势，获取指令，为使用者带来便利。

（四）我能逃过人工智能的眼睛吗

1. 打印我的照片，能不能通过人脸识别

人脸识别已经普遍被应用在家庭、住宅小区、公司等的门禁系统中。你会不会担心，外人把手机相册里或打印出来的你的照片放到你家门口的摄像头前，就能够顺利通过人脸识别，打开门锁？

使用人脸照片攻击人脸识别系统不是什么新鲜事。科学家们早已意识到了这种可能出现的安全漏洞，并研究防御技术来避免人脸识别系统被"欺骗"。在识别人脸身份前，系统会首先确定站在摄像头前的是不是一个大活人。那么，人工智能如何区分照片和真人呢？它用到的技术叫作活体检测。

活体检测可以基于静态图片。由于真人和照片的输入在人脸的几何特征和颜色纹理、图片光照特性、失真程度等方面存在差异，人脸识别系统可以通过提取这些特征，判断人脸图像来自真人还是照片。

活体检测还可以基于运动和动作识别。我们在登录银行等个人账户，通过人脸识别验证身份时，系统通常还要求我们做一些动作，例如转头、眨眼、张开嘴巴等。系统通过识别这些动作，判断在镜头前的到底是真人，还是照片。

但是，使用人工智能合成人脸动作视频也不是什么难事，如果合成的假视频足够逼真，也可能会通过动作识别，这给活体检测带来了挑战。

活体检测还有更多更高级的方法，例如利用3D图像的深度

信息，或使用红外摄像头得到能够区分真人和照片的成像。这些方法的检测准确率更高，但需要的成本也更高。

2. 戴上口罩，机器还能认出我吗

2020年新冠肺炎疫情暴发后，佩戴口罩出行成为人们的常态。然而，这为人们出入门禁、使用移动支付等带来不便，因为人们需要摘掉口罩才能通过人脸识别。戴上口罩几乎遮住了一半人脸，较大地改变了人脸的视觉信息，不仅人脸轮廓会发生改变，而且口鼻等关键点的信息也丢失了，可用于辨别身份的信息大幅减少（图3-7）。这大大增加了人脸识别的难度。怎样才能解决佩戴口罩者的人脸识别问题呢？

图3-7　全脸无遮挡到口罩遮挡的人脸识别

一种思路是鼓励模型在构建和训练时，将注意力集中在人脸的上半部分，尤其是重点提取眼部的关键点信息，例如瞳孔颜色、眼距等。由于目前常用的人脸数据集中都没有戴口罩的脸部信息数据，有的方法便通过图像生成技术，合成了戴口罩的人脸数据集并用于模型训练，此时模型将不得不学习如何只根据上半

张脸的信息来辨别人的身份[18]。这样，模型在投入使用时，便不容易受到下半张脸视觉信息变化的影响。

口罩人脸识别属于遮挡人脸识别问题。除了口罩，人脸的遮挡物还包括墨镜、帽子、围巾等，甚至是手部。遮挡给人脸识别带来了新的挑战，也促使了新方法的诞生。场景需求的变化也是促使人工智能技术进步的推动力。

3. 换掉衣服，小偷能逃避智能监控吗

和口罩人脸识别类似的，还有行人重识别中的换装问题。

来自监控摄像的行人图像通常分辨率较低，模型难以清晰地提取人脸等可靠的行人特征。最容易获取的视觉信息无疑是衣物信息，包括颜色、图案等，因为它们通常比较明显。传统的行人重识别模型一般假设短时间内行人的衣着不会改变，因此，衣物可以被认为是与行人身份相关的特征，依赖衣物信息的模型可以取得良好的识别准确率。

但是，一旦目标人物有意或无意地更换着装，如逃跑的小偷故意换了衣服，那么他就能够逃避系统的检测——因为他的衣物视觉信息明显改变，使模型无法准确地识别身份。这成为基于行人重识别技术建立的智能安防系统的漏洞。

为解决这个问题，换装行人重识别成了一个新课题，人们开始研究对衣物信息鲁棒的行人重识别方法，降低换装对识别结果的影响，提高在换装情况下的识别准确率。这些方法的关键是让模型去关注行人的体型体态、头发、人脸等可靠的行人特征。

三、人工智能也是美术大师

只学会了"看"还不够。人工智能除了"识图"，还能够"绘图"和"修图"，把它心中的世界画下来。人工智能生成的图片非常接近真实拍摄的图片，甚至看不出机器生成的痕迹，可谓以假乱真。

它又是怎样做到的呢？让我们来了解图像生成技术。

（一）人工智能的美术工具

1. 最著名的工具：生成对抗网络

图像生成的方法有多种，其中，最重要和有效的模型是生成对抗网络（generative adversarial network，GAN）。

要让人工智能画出一张足够真实的图片，我们会使用到两样工具：生成器和鉴别器。它们通常各用一个神经网络来实现。

生成器就像画笔，我们希望它通过训练，能"画出"足够真实的图片。

鉴别器则会在训练中不断提升鉴别图像真实性的能力，它会判断生成器输出的图像是否足够真实，并反馈给生成器，指导生成器生成更真实的图片。鉴别器一般被设计成一个二分类器，人们对真实图片和生成器输出的图片分别赋予"真实"和"虚假"的标签，将这些图片及其对应的标签作为训练数据用于训练鉴别器，让鉴别器获得能够区分真实图片和机器生成图片的能力。

如果生成器生成的图片质量太差，或者不够真实和清晰，鉴别器很容易鉴别出这是一张由机器生成的虚假图片。生成器通过鉴别器的反馈，调整自己内部的参数，生成一张更真实的图片。而随着生成器生成图片的质量越来越高，鉴别器也越来越难判断图片的真假，它也就不得不继续提高自己的鉴别能力，这也同时逐渐加大了生成器生成图片的难度，迫使生成器生成更加逼真的图片。

可以看到，生成器和鉴别器的训练目标是相反的：生成器的目标是生成看上去更真实的图片，企图"骗过"鉴别器，让它无法区分图片的真实性。而鉴别器希望能区分真实图片和机器生成的虚假图片。因此，它们被称为"对抗网络"。生成器虽然和鉴别器相互"对着干"，但通过与鉴别器的对抗，最终学会生成足够以假乱真的图片。

生成对抗网络是博弈思想应用在人工智能领域的例子，博弈的魅力使生成对抗网络成为图像生成领域最成功的模型。

2. 画出想要的东西

生成对抗网络有多种模型。条件生成对抗网络（conditional generative adversarial network，CGAN）是原始生成对抗网络的一个常见的变种模型。

在原始生成对抗网络中，生成器输入的是符合某种分布的随机噪声，鉴别器的训练数据包括提供的真实图片和生成器的输出图片。我们对它们的对抗行为的要求只有一个：使生成器最终生成足够真实的图片。生成器虽然最终学会生成逼真的图片，但由于没有其他约束，相当于自由发挥，它生成的图片是随机的，我们无法控制它到底会生成什么内容。

条件生成对抗网络允许网络输入生成图片的条件信息作为额外要求，限定生成的内容。此时，生成器的输入除了随机噪声，还包括给定的条件变量；鉴别器在进行"真假"二分类时，也要考虑条件变量。条件信息可以是图片、分类标签或文本编码，例如，我们希望生成一张猫咪的图片，那么"猫"的文本编码可以是输入的条件信息。

（二）盘点人工智能的创作本领

1. "自由创作"和"条件创作"模式

利用生成对抗网络，机器可以"无中生有"，从随机噪声中生成一张足够真实的全新的图片。如果没有指定生成的条件信息，那么网络将开启"自由创作"模式，生成训练数据集中没有的全新且逼真的图片。在"自由创作"模式下，人们可以实现艺术创作，例如，生成全新的人物和卡通头像（图3-8）。

图3-8　人工智能能够生成全新的人物图片

利用条件生成对抗网络，我们可以得到给定条件要求的特定图片。根据文本描述生成图片是"条件模式"的一个常见任务，把文字编码作为条件变量输入到条件生成对抗网络，我们可以得到相应的图片。例如，输入一段文字描述"一只有白色胸脯、浅灰色头部、黑色翅膀和尾巴的小鸟"，网络便会生成对应的小鸟图片[20]。"文字转换图片"功能有许多应用场景，如为文章快速生成配图等。

2. 人工智能的"修图"大法

如果向生成对抗网络输入图片的条件信息，那么网络将实现对输入图片的"修图"工作——这样的生成任务叫作图像转换，也称图像翻译。例如，向机器输入素描、轮廓图、草图或灰度图，机器可以对图片进行着色，生成对应的彩色图片[21]。图像转换还有其他有趣的例子：把一张图片中的马转换为斑马、苹果换成橙子等。

图3-9展示了pix2pix图像翻译模型在"轮廓图转换彩图"任务中的生成结果。这个模型是使用大量的手提包图片训练得来的。

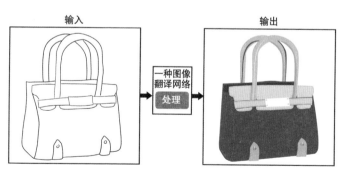

图3-9 "轮廓图转换彩图"图像翻译任务

有了生成对抗网络这个图像转换工具，我们就可以对一张图像进行处理、修复、编辑等操作。常见的应用包括：

（1）图像超分。"超分"指的是超分辨率，图像超分也称图像的超分辨率重建。输入一张模糊的低分辨率图片，机器可以生成清晰的高分辨率图片。

（2）图像去噪。生成对抗网络可以消除输入图片中的雨滴、反光、水雾等，还原一张清晰真实的图片。

（3）图像补全。对不完整的、有缺损区域的图像，机器可以根据其他完整的区域，推演并修复缺损部分的内容，使补全的结果真实合理。

（4）图像编辑。例如，对人脸进行编辑，改变一张人脸的表情、妆容、年龄等属性，并同时保持人脸的身份特征，使他不会变成另一个人。

（5）图像风格迁移。风格迁移可以把一张图片的风格变成另一种风格，并保持图片中的内容不变。例如，将白天拍摄的照片变成同样场景的夜景图、把夏天风景照变成冬景照、把一张摄影照转换为油画或卡通风格等。

然而，利用人工智能进行图片、视频的合成，可能会涉及安全隐患和隐私问题[22]。深度伪造技术（deepfake technology）利用深度学习进行人脸合成和图片、视频伪造，曾在网上引起巨大的争议。人们认为，由于合成成本低、生成结果辨识难度大，深度伪造技术一旦为不法分子所用，可能会威胁社会安全。例如，在网上散布包含合成图片和视频的虚假新闻，破坏媒体公信力；对个人或企业进行诽谤和诈骗，侵犯个人隐私，造成名誉损失和经济损失等。我们惊叹于人工智能的创作能力，同时也要防止它成为坏人手中的作恶工具。

人工智能除了是图像的鉴赏家，还是美化和创造图像的艺术家。人工智能有一对"慧眼"和一双"巧手"。"慧眼"使人工智能理解和识别图像中的内容；在"看懂"图像后，人工智能还能通过一双"巧手"，对图片进行编辑修改，生成新的图片。"慧眼"与"巧手"使人工智能对图像数据的分析和处理游刃有余。

图像识别和图像生成等都属于人工智能的计算机视觉技术。如何让人工智能在更多视觉领域发挥创造力，还有待科学家们的持续探索。

第四章

与人工智能唠唠嗑

一、让人工智能"听话"和"说话"

如何让人工智能能够使用人类语言与人类进行语言交互，是人们非常关心的问题。受人类学习过程的启发，机器也从大量语言数据（语料库）中学会了"听话"和"说话"，这将通过自然语言处理技术（natural language processing，NLP）来实现。自然语言处理主要攻克的是人与机器或人与人进行交流时存在的语言技术难题[23]。自然语言处理被称为"人工智能皇冠上的明珠"，它将在人工智能的研究史上留下浓墨重彩的一笔。

（一）耳听八方：人工智能的"听"

1. 语音识别，人工智能的"听力"

语音识别技术的应用在生活中非常常见，例如，在驾驶时，语音导航系统能根据我们的语音指令操作导航，在很大程度上使人们获得更好的驾驶体验。语音识别是将人类语音识别成文本或命令的过程[24]（图4-1）。更通俗地理解，语音识别就是人工智能的"听力"，是一门结合了人工智能、信号处理、信息论、医学等专业的交叉技术。

语音识别技术在20世纪中期首次出现。贝尔实验室在1952年成功研发出第一个能够通过语音识别英文数字的系统，它的出现标志着语音识别技术进入人们的视野。这个系统虽然可以识别英文数字，但却只能识别特定的人说的单词。世界上的语言种类众

图4-1 语音识别的过程

多，同一种语言也可能存在口音之别，由于这个系统只能固定识别部分语言或部分人的语音，系统的灵活性远远不够，无法推广应用。20世纪80年代，国际商业机器公司（International Business Machines Corporation，IBM）使用隐马尔可夫模型[25]（hidden Markov model，HMM），成功预测音素，为语音识别技术奠定了理论基础。21世纪以来，得益于深度学习的技术浪潮，以神经网络为基础的语音识别技术成为研究热点。

近年来，语音识别技术得到了巨大的发展。21世纪初期，谷歌公司发布了语音识别系统，并把该系统嵌入移动通信设备。2011年，苹果公司推出了手机语音识别系统，也是我们现在耳熟能详的语音助手Siri。随着我国"863计划"和"973计划"的提出，国内越来越多的学者开始研究语音识别技术。百度也于2014年推出了语音识别系统DeepSpeech[26]和其升级版本。

2. 怎么听？——语音识别的原理

传统的语音识别最常用的方法是高斯混合-隐马尔可夫模型（Gaussian mixture model–hidden Markov Model，GMM-HMM），这种方法的一般流程是从语音信号中提取声学特征，构建声学模型和语言模型，最后就得到了文本序列。

语音是一段时域信号，计算机无法处理长段的语音信号，需要对其进行分帧处理，也就是利用滑窗对语音信号切片，得到帧序列。有了帧序列就可以从帧中提取声学特征，最常见的就是MFCC（Mel frequency cepstrum coefficient，梅尔频率倒谱系数）特征，其中包含了该帧语音的信息。多帧语音组成一个状态，三个状态（一般是初始、稳定、结束）组成一个音素，音素是一段语音根据语言性质划分出的最小单位，多个音素组成一个单词。

利用高斯混合–隐马尔可夫模型将语音信号和音素进行映射（图4-2），其中通过GMM得到HMM中的发射概率(即GMM的均值和方差)，HMM的作用就是根据预测概率得到最匹配的音素、单词以及句子序列。将MFCC特征输入到GMM中，建模帧与状态的关系，将帧识别为状态，之后将状态合成为音素，最后将音素合成单词。但是，利用这种方法处理语音的速度较慢，语音识别的准确率也不具有优势。

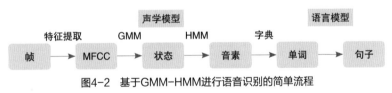

图4-2 基于GMM-HMM进行语音识别的简单流程

神经网络具有强大的特征表达能力，使用神经网络进行端对端的语音识别，减少了人工标注状态、音素和声韵母的工作量。神经网络可以主动学习语音数据到字符串的映射关系，找出它们之间的内在规律。基于Transformer[27]的语音识别系统通过大量标注语音数据来训练声学模型，在语音识别领域取得了较大的成功。

3. 语音转文字：人工智能为你做笔记

语音识别的其中一个目的是将语音转换为对应的文字（图4-3），这将解放我们的双手，让工作更加高效。

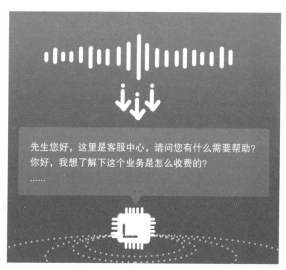

图4-3　语音转文字的简易图

在上课或开会时，如果我们来不及记录老师或领导的发言内容，语音识别可以来帮忙——它可以把录音准确地转为文字，让我们轻松地完成课堂笔记或会议笔记。

在智慧法庭上，语音识别也是帮助法官做记录的好帮手。法庭上的语音可以被语音识别应用转为文字，自动生成庭审笔录，还能区分法庭上不同说话人的语音。这将大大缩短庭审时长。

目前，语音识别技术仍需解决一些技术难点。首先，录音中除了有说话人的声音以外，还存在环境噪音，语音识别模型需要排除这些噪音的干扰。其次是同音字的处理，语音信号转化为音素后，对读音相同或相近的字词，需要靠语音识别模型选择正确的文字。另外，有些人说话时喜欢使用多种语言，这对语音识别模型提出了更高的要求。

4. "飞入寻常百姓家"的语音机器人

智能音箱、语音机器人等自然语言处理的应用在生活中随处可见。接下来，让我们来认识几种能够"听懂人话"的应用产品。

智能家居机器人是自然语言处理应用于智能家居的产物，如同家庭的"生活管家"，让家庭生活更加方便。智能家居机器人可以控制家庭中的电器。当用户和机器人建立连接后，双方就可以进行语言交互，用户可以发出语音指令来启动机器人的家居功能，比如打开空调、启动洗衣机、拉上窗帘、播放音乐等，这种交互方式也被称为语音控制（图4-4）。

图4-4　智能家居的应用

在人工智能的帮助下，未来的家居生活会越来越便利，人们的生活质量也将随着智能生活的发展不断提高。

类似的应用还有智能办公系统和智能导航系统。智能办公系统也运用了语音识别，通过将语音识别跟特定设备进行绑定，完成一些基本硬件控制。智能导航系统可以在我们正在开车，无暇腾出手来进行操作时，听取我们的语音指令，帮助我们搜索目的地、选择路线，或是放大地图、调节音量等。

5. 听出你的喜怒哀乐

人类的情感是通过语音、姿态、表情等外在表现传达的，揭示人类语音和情感的联系是人工智能的一个研究重点。

语音中的情感特征可以通过语音的韵律表现出来，比如在激动时，语速较快，音调较高；在悲伤时，语速较慢，音调较低（图4-5）。人工智能理解语音中的情感需要经过采集语音信号，提取声学特征，将声学特征映射到人类情感的过程，从而破解语音中的情感密码。

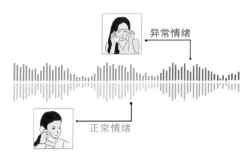

图4-5　正常情绪（例如平静）和异常情绪（例如悲伤）的声学信号区别

语音情感识别一般包括3个基本步骤：语音数据预处理、特征提取、情感分类。在数据预处理阶段，由于语音是一段连续的信号，机器需要对语音信号进行采样，得到与语音对应的数字信号，并进行分帧以及傅里叶变换等预处理，得到频谱特征。特征提取算法从预处理后的语音数据中提取重要信息，并输入到分类模型进行情感分类。特征提取与情感分类也可以通过深度学习来实现：将情感标签作为监督序号指导神经网络学习，训练用于提取情感特征和进行情感分类的神经网络。常用的模型有卷积神经网络、循环神经网络，以及加入注意力机制的模型。在生活中，语音情感识别应用广泛，比如情感翻译、测谎仪、电子游戏、辅助心理治疗等。

（二）妙语连珠：人工智能的"说"

1. 自然语言生成，让人工智能畅所欲言

机器要开口跟我们说话，需要借助自然语言生成技术。

自然语言生成技术搭建起机器与人类对话的桥梁，让机器可以顺利地与人类沟通。目前，自然语言生成技术已经有很多成功的应用，例如智能客服、聊天机器人等（图4-6）。或许你还会对人工智能会写诗、写文章感到惊讶——这都是自然语言生成技术的功劳。

图4-6 智能客服

自然语言生成技术的难题在于如何生成人类能够理解的完整语句。人类的语言具有层次结构，可以分为字、词、句、段、节、章、篇等若干层次，机器需要按照人类的语言习惯来生成语句。此外，信息在每一层向上或向下传递时，还容易产生歧义或丢失信息。如何使机器更高效地生成有效的语言表达，是一个需要长期研究的工作。

2. 让人工智能学会组织语言

当你想要向别人表达你的想法时，需要哪些步骤？你可能要先想清楚需要表达的具体内容是什么；然后确定表达的顺序，先讲什么、再讲什么，当要表达的内容太多时，可能会考虑分多个句子来讲述；接着，你需要遣词造句，运用合适的词语表达内容；最后，把词语汇聚到句子中，再将多个句子连接起来，就形成完整的语段。

人工智能想要开口说话，同样需要经历类似的步骤：内容确定、文本结构化、句子聚合、词汇化、参考表达式生成、语言实现[28]。人工智能首先需要确定自己的意图和要表达的大致内容，并组织内容的顺序；然后，将表达文本结构化，比如先表明时间、地点、人物，再讲事情的起因、过程、结果；随后，将多个内容组合到句子中进行表达，使用连接词进行润色，之后选择恰当的词汇和短语来细化内容的表达，最终形成完整的语段。特别之处是，人工智能还会使用参考表达式生成方法，判断表达内容所属的领域，使用领域内的专业词汇或常见词汇，使生成的语段更加合理。

3. 和机器人聊聊人生

你说一句它答一句，这就是聊天机器人。

聊天机器人除了能够理解人类的语言，还要学会生成语言。用"人话"来跟人类交流，也需要用到自然语言生成技术。

聊天机器人是怎么回答我们的问题的？回答的方法通常有两种：一种是根据人类的语言输入，建立回答检索库，机器人从检索库中挑选一个最佳的回答来进行反馈。这种方法不需要进行语言生成，而是基于"问题"和"回答"的相似性学习。它也依赖于检索库的完备性，即检索库是否囊括了所有可能的回答。另一种是生成式方法。机器利用自然语言生成技术，通过海量的数据训练形成一个语言生成模型，模型能够从输入的问题中提取出关键内容，然后生成一个内容合理且语言规范的回答。生成式方法同样需要依靠高质量的训练数据。这些训练数据通常由多条成对的"问题"和"回答"组成，模型将从数据中学习问与答之间的关系。与基于检索的方法相比，生成式方法较难保证生成的语句不出现错别字或语法错误等。

正如构建良好的语言环境对人类的语言学习非常重要，语言数据的质量也直接影响语言生成模型的学习效果。语言数据库也称为"语料库"，它是自然语言处理的基础。

有了自然语言生成技术，机器人就能够和人类愉快地聊天了。聊天机器人在生活中同样非常多见，例如手机常用的语音助手、购物网站上的智能客服。除此之外，聊天机器人还是情感陪伴的高手，能够和人类进行互动交流，例如唱歌、讲故事、分享笑话等（图4-7）。

千方百智

图4-7　聊天机器人

二、人工智能的阅读写作

　　除了语音数据，自然语言处理技术也可以处理文本数据——除了能听和能说，人工智能还可以用类似的原理实现读和写。通过自然语言的理解和生成，人工智能能够理解文本的内容和语义，分析它们的特性，例如表达的内容属于哪一类领域或主题、字里行间透露出什么样的情感等。

（一）识文断字：人工智能的"读"

1. 自然语言理解，让人工智能"善解人意"

　　如果我们对机器输入"我想跟你唠唠嗑"，机器要怎样才能理解这句话？

　　最简单直接的办法是关键词法。机器通过聚焦句子中的关键词，理解一句话的内容。这种方法也用于传统的语音控制中，由于指令中必然包含一个明确的关键词，系统只要识别出这个关键词，就能明白我们到底想要让它干什么。很明显，"我想跟你唠唠嗑"这句话中，"唠唠嗑"是句子的关键词，只要机器能够识别和理解这个词，就能够明白我们的意图。

关键词法非常依赖预先设定的关键词词库。例如，在能够判断"谈话""聊天"等意图的关键词中，像"唠嗑"这种属于方言的词汇可能并不包含在内。如果句子中不包含预先设定的关键词，机器就不能听明白我们想要干什么。此外，人类语言的复杂性使机器很难把握句子的意思，光靠关键词来理解句子肯定是远远不够的，很可能会导致"断章取义"。

我们知道，机器喜欢处理有规律、有结构的数据，而人类语言则恰恰相反，语言的多样性、歧义性、复杂性等问题困扰着一直苦苦寻找人类语言规律的机器。

人类语言是复杂的，想让机器准确无误地理解人类语言，还存在很多技术难题。首先，语言具有表达的多样性，一种语言在表达同一种意思时通常有多种表达方式。其次，语言还具有歧义性，需要结合语境和上下文去理解，甚至在同种语境下，不同的人理解的内容都不同。最后，人类语言中存在同音异义或同字异音的情况，这给语言理解带来了更大的难度。比如，"工夫"和"功夫"读音相同但意义不同，"看见"和"看守"中虽然同样有"看"字，但它们读音不同，意思也有差异。

破解人类理解语言的机制，让机器能够明白人类语言，正是自然语言理解技术需要做的事。自然语言理解技术是自然语言处理的一种技术，通过构建人工智能模型来使机器和人类语言形成一个映射，根据不同的任务，让模型学习相应的人类语言的规律，打破人类与机器交流的壁垒，使得机器能够明白人类的语言（图4-8）。

自然语言理解得到的结果叫作"语义表示"。如何结合语境和上下文的内容，理解语言所表达的意图，是自然语言理解获得语义表示的难点。

图4-8　自然语言理解：让机器理解人类语言

2. 语言处理第一步：分词

自然语言处理技术是怎样让机器理解一段话的？

首先，需要使用语法对文本进行分词（tokenization）。分词指的是根据语法，将文本划分为具有语义的单元。划分得到的具有语义的单元通常被称为"token"。人类要理解一句话，尤其是长难句，首先需要进行断句，机器也一样。例如，对"我跟人工智能唠唠嗑"这句话进行词语划分，可以得到"我/跟/人工智能/唠唠嗑"。句子通过分词后，会得到一个token序列：

{"我"，"跟"，"人工智能"，"唠唠嗑"}。

对由单词组成的英文句子进行分词非常简单，机器只需要根据空格，把单词分割出来即可。但这种办法对其他语言来说大多是行不通的，例如在中文里，只有句子之间有标点符号的间隔，而词语之间没有，中文分词需要通过其他的策略。

分词对句意理解非常重要，如果机器把"今天真冷！"这句话中的"天真"二字当作一个词语来处理，它将没办法理解我们的意思。

3. 语言理解的3个层次

分词完成后，机器就要开始分析这些语义单元，理解这段话要表达的含义了。语言的分析和理解有3个层次：词法分析、句法分析、语义分析。这3个层次遵循从词到句到段落、从局部到整体的顺序。

词法分析需要确定每一个语义单元的含义，它的主要步骤包括词性标注、命名实体识别、共指消解等。机器需要对句子中的每一个词进行词性标注，判断它是名词、动词还是形容词。机器还需要识别句子中涉及的命名实体，例如人名、地名。最后，对"这""那""他"等代词，机器还要分析它们指代的具体是什么，这就是"共指消解"。有的人也把"分词"看作词法分析的第一个步骤。

句法分析是分析句子的语法和成分，确定主语、谓语、宾语等句子元素，分析词语之间的关系和词对句的作用，得到句子的句法结构。

语义分析指的是从整个段落的角度分析文本要表达的含义。机器通过确定词的正确含义和正确句法结构，从而得到整个段落的正确含义。

让机器正确理解人类语言存在多个难点，其中一个难点是，由于人类语言存在一词多义等现象，机器需要确定这个词或句子表达的到底是哪一个意思。例如，"苹果"一词既可能指水果，也可能指一家IT公司。从"词"的层次来看，解决一词多义问题需要用到词义消歧。词义消歧的目的是根据使用环境，确定一个多义词的哪一种语义正在被使用。目前有多种算法可用于实现词义消歧。

对"我跟人工智能唠唠嗑"从词法、句法、语义的层次进行分析，机器可以大概得出这句话的意思：一个实体（我）跟另外一个实体（人工智能）做了一件事（唠唠嗑）。

4. 语义表示：机器心中的人类语言

我们知道，机器的世界是一个数字世界。虽然通过自然语言理解技术，人工智能能够读懂人类语言，但如果它需要对输入的语音或文本信息进行进一步的储存和处理，又必须将这些信息转换为它熟悉的格式——数字。

要将文本数据转化为数字，以便机器对其进行处理，这就是语义表示。语义在机器中的数字表示可以看作机器对语言进行理解的结果。

语义表示的一种常用方法是使用编码，例如独热编码，指将词语转换成向量。若使用独热编码，首先要建立一个包含所有可能出现的词语的词典。如果词典总共有N个词，输入的词将使用一个长度为N的向量进行编码表示，向量的每一位表示词典中的一个词。这个词的编码向量中，只有该词在词典中出现的位置为1，其余全部为0。

使用独热编码虽然简单，但当词典包含的词较多时，向量的维度就会非常高。其次，用这种方法来表示词语，无法体现词与词的相似性关系。人们继续探索其他的表示方法。

分布式表示是语义表示的另一种方法，它能够将每一个词映射成一个固定长度的向量。词嵌入可通过神经网络学习得到，word2vec[29]是学习词嵌入最常用的轻量级神经网络之一。

字符格式的词是无法参与运算的，但如果将它们转换为数值向量，我们就可以对它们进行运算。例如，对使用分布式表示得到的词向量进行比较运算，可以得到两个词的相似度，从而判断它们是否属于近义词。我们还能对这些词向量进行语义关系的推断和运算。例如，地名对应的词向量存在数值上的运算关系，"英国"与"伦敦"的词向量的关系类似于"中国"与"北京"，因此，我们可以得到"英国—伦敦 ≈ 中国—北京"的关系式。对一些自然语言处理任务，例如文本情感分析、文本分类等，获取语义表示是基础的一步。

5. 舆情分析：读懂文字中的情感

机器理解人类语言，不仅要理解词汇表达的语义，还要学习语言中包含的情感特征。文本情感分析的一个重要应用就是舆情分析。

随着互联网技术的发展，网民数量也越来越多，人们可以足不出户关注自己感兴趣的话题。舆情分析可以让我们对热点话题有更深层次的了解。它是根据特定话题或事件的需要，从大量的舆情数据中分析出舆情传播状况、网民情感等内容，并得出相关结论的过程。

不同的人面对不同的话题会产生不同的情感，例如，对"新生入学"的话题，有的人产生的是积极的情感，比如开心和期待；有的人产生的是消极的情感，比如难过和愤怒；有的人事不关己，对个话题没有什么感觉，产生的是平静的中性情感。这些情感倾向都可以从文字中提取得到。

　　传统的舆情分析以人工统计和整理收集的信息为主要依据。但在人工智能发展迅速的今天——信息大爆炸的时代，如果还使用人工的方式筛选、统计数据，需要耗费巨大的人力和物力。从数据获取来看，目前的舆情分析可以通过网络爬虫等技术，扫描并抓取论坛、微博、贴吧等平台上人们发表的动态、文章等数据，利用人工智能对这些数据进行分析，实现舆情监测，形成舆情分析报告，实时反映行业动态。

　　目前，互联网已有很多舆情检测平台，人们可以利用这些平台实时地进行舆情监测。同时，一些机构也会发布互联网舆情分析报告，通过这些报告的内容，人们可以知道什么热点事件最受关注，关注不同类别热点事件对应的人群分布及他们的情感态度等。

　　舆情分析可以帮助有关行业和有关部门及时地发现存在的矛盾和问题，督促相关行业和部门直面矛盾并及时解决，促进社会平稳发展（图4-9）。

图4-9　舆情分析

（二）妙笔生花：人工智能的"写"

1. 人工智能帮你写文章

许多行业需要工作者频繁地写作，例如编写新闻稿、设计广告词。通过自然语言生成技术，人工智能可以帮助人们实现这些文字的自动生成。由于新闻稿的格式和行文思路通常是固定的，借助人工智能，新闻从业者可以快速产出高质量的新闻稿，缩短新闻发布时间，自媒体从业者也可以使用人工智能生成文章的标题和内容。我们平时在平台上看到的文章、博人眼球的文章标题，很有可能就是人工智能帮忙写的。广告公司可以使用自然语言生成技术，根据给定的关键词，生成富有创意的广告词。

学会了自然语言生成技术，人工智能不仅是一名优秀的写手，还是一名富有创造力的艺术家。人工智能写诗也是一种文本生成任务，这一点也曾引起人们激烈的讨论。在自然语言生成技术的支撑下，人工智能能够从诗词的语料库中学习如何写诗。人们只要告诉机器想要的诗词风格、关键意象或者给定一个题目，人工智能就能完成一首言之有物且对仗工整的诗词，让普通人难以分辨这首诗到底是出自机器，还是真实的诗人（图4-10）。

自然语言生成技术还能用于生成语音和创作音乐。与文本数据类似，音频数据也属于

图4-10 人工智能正在"创作"

时序数据，因此能够用类似的方法进行处理和生成。然而，语音和音乐的生成任务也独具挑战性，例如，生成的语音需要保留说话人的声音特征和韵律，创作的乐曲需要有合理的旋律和节奏。

2. 循环神经网络，人工智能的"妙笔"

以循环神经网络为代表的深度学习模型在自然语言处理领域中扮演着重要的角色。我们在第二章中提到，循环神经网络拥有一定的记忆能力，善于结合上文信息，因此通常被用于处理文本数据和序列数据。循环神经网络还能用于构建语言模型生成文本序列，是自然语言生成的重要工具。

循环神经网络可实现多种语言和文本生成任务，例如，向循环神经网络输入关键词、短语或短句，它就可以生成完整的语句，实现句子的复写和扩充；输入缺失的文本，循环神经网络可以根据上文对缺失的部分进行填充，甚至能够根据开头的几句话，完成一篇完整的文章。此外，机器还可以从结构化的数据或抽象的语义表示中直接生成文字。

我们可以根据不同的生成任务来设计循环神经网络的输入输出、网络结构和训练方式。在把文本输入到循环神经网络前，需要把字符格式的文本转换为数值格式，只有词向量才能被网络运算和处理。

目前，除了基于循环神经网络和LSTM等深度学习网络构建的语言模型以外，还有更先进的"预训练语言模型"，它们同样能实现文本生成。例如，基于Transformer的生成式模型GPT就是一种预训练语言模型，除了文本生成外，GPT在自然语言推理、分类、相似度对比等任务上也有着不可估量的潜力。

3. 训练你的专属"枪手"

我们要怎样做，才能让人工智能帮我们写文章？

以英文的"根据上文预测下文"的任务为例，我们可以训练一个循环神经网络，让它学会根据开头的若干句话，续写出一个完整的故事。

我们尝试实现一个简化版的下文预测任务："预测下一个字符"任务。我们要让神经网络学会根据上文，预测下一个字符，这个字符可能是字母、空格或标点符号。

首先，我们需要为神经网络准备训练数据。和其他的深度学习任务一样，足量的数据对神经网络训练不可或缺。我们从语料库中选择合适的文本数据用于训练。对每个文本，我们选择它的前5个单词作为神经网络的最初输入数据，而剩下部分的第一个字母则成为指导网络训练的输出标签。在运算前，我们需要将文本转换为数字格式的词向量。

"预测下一个字符"的任务实际上是一个分类问题，涉及的类别包括26个英文字母、空格和若干个常见的标点符号。训练后，这个神经网络就学会了预测输入文本的下一个字符最有可能是什么。

我们还可以把预测的结果加到上文的结尾，让神经网络再预测下一个字符。神经网络逐个地对下文字符进行预测，我们就能得到越来越多的输出结果，直到生成完整的单词和句子。在预测的过程中，为了避免输入数据越来越大，我们还可以对输入文本的长度进行限制，例如，一旦超出了规定的最大长度，输入文本的前面部分将会被舍弃。

三、人工智能，你的专属翻译官

"听、说、读、写、译"是人类学习一门外语必须掌握的5种基本能力。人工智能学习人类的语言，同样需要精通这5种技能。其中，"译"主要是指机器翻译技术。

机器翻译技术是机器自动地将一种语言表达转换成另一种语言表达的过程。机器翻译技术包含自然语言理解和自然语言生成两种技术：机器需要理解源语言，并生成具有同样含义的目标语言。

（一）机器翻译：把一种语言转换为另一种

1. 机器自动翻译，英语课白上了

世界上共有200多个国家和地区，有数千种语言。不同国家和地区的人进行语言交流时往往存在各种语言之间的壁垒。想要打破这种壁垒，翻译工作显得非常重要。

从小学开始，我们就要上英语课，要背英语单词、练英语听力，学习如何将英文翻译为自己熟悉的母语。我们想要出国留学，或是毕业后找工作，可能都需要通过英语考试。然而，我们好不容易才读通顺的一段晦涩难懂的英文，人工智能可能一眼就看懂了，还能帮我们翻译成我们的母语。

机器翻译不仅为人们提供便捷、精准的语言翻译，而且能够自动学习到不同的语言在表达同一个内容时的共通特征，从而在转换时将共通特征解码成另外一种语言表达（图4-11）。

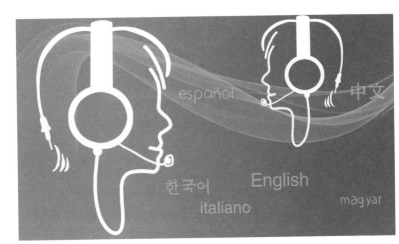

图4-11　不同语言的转换

　　越来越多的人开始使用机器翻译系统：自动文献翻译、语音翻译、同传翻译、跨语言检索、扫描翻译等。这些翻译系统大大提高了我们的工作效率。机器翻译的出现使不同国家和地区的交流变得更加通畅。现在机器翻译通常和传统人工翻译结合起来使用，利用机器翻译辅助人工翻译，提高了翻译的效率。机器翻译可以让人们及时并高效地理解目标语言的专业性知识，例如外文期刊、报告中的信息，而不再局限于搜索源语言的相似内容，这帮助人们更高效地获取信息。

2. 机器翻译的昨天、今天和未来

　　世界上第一台电子计算机诞生后，美国科学家瓦伦·韦弗（Warren Weaver）就提出了利用计算机对不同的语言进行翻译和转换的想法。

　　1954年，美国乔治敦大学和IBM联合进行了将俄语翻译成英语的机器翻译实验，虽然只能够进行配对式语言翻译，但从这时

开始,机器翻译不再是纸上谈兵。然而,机器翻译随后的发展并不太顺利,1966年,美国国家科学院语言自动处理咨询委员会(Automatic Language Processing Advisory Committee,ALPAC)经过两年的调研,得出了机器翻译不具备发展可行性的结论,机器翻译的研究进入停滞期。

随着全球化进程的不断加快以及互联网和计算机技术的飞速发展,为了迎合各国进行深度交流的迫切需求,1970年后,多个国家参与研发机器翻译系统,工业界也研发出了各种各样的翻译系统,机器翻译领域开始"解冻"并进入复苏阶段。随后,在1993年,IBM提出了基于词对齐的机器翻译算法模型。2006年,谷歌翻译的推出,掀起了机器翻译的研究浪潮。

近年来,研究人员提出了更多先进的机器翻译模型结构,例如基于编码器-解码器的架构、基于注意力机制的框架等,机器翻译真正迎来了"井喷式"发展。

(二)机器翻译的"核心技术"

1. 最直观的方法:基于规则

机器翻译的方法有多种,通常总结为三大类:基于规则的机器翻译、基于语料库的机器翻译、基于深度学习的机器翻译[30]。

基于规则的机器翻译方法直接运用了语言学的专业知识,其最大优点是直观。现有的基于规则的机器翻译方法包括基于词的翻译方法、基于结构转换的翻译方法、基于中间语的翻译方法。基于词的翻译方法核心是词的配对以及结合简单的词性变换、结构调整等来提高翻译的精准度,但这种方法翻译的质量通常较差。基于结构转换的翻译方法在基于词翻译的模型上做了改进，除了考虑词的对应关系外，还增加了对短语的关注。基于中间语的翻译方法类似于世界货币政策——两种货币无法等价交换，那么就先转换成一种硬通货，也就是黄金，用黄金来衡量对应货币的价值。迁移到机器翻译领域，两种语言无法准确直译时，可以把它们转化成一种中间语言，再间接地实现两种语言的翻译。

2. 更高级的办法：基于语言数据

语言规则在逐渐增多，规则之间出现了互相影响和冲突的现象，这使基于规则的机器翻译方法变得低效。此外，人类语言的灵活性和复杂性高，输入的语句也未必完全符合语言学规范，这容易造成基于规则的机器翻译方法失败。

与基于规则的机器翻译相比，基于语料库的机器翻译更加灵活，它可以分为基于实例的机器翻译方法（非参数方法）和基于统计的机器翻译方法（参数方法）。基于实例的机器翻译方法需要建立一个语料库，语料库中保存了源语言的句子和对应目标语言的译文。系统将输入的源语言的句子跟语料库中的源语言句子进行对比，匹配出相似度最高的语句，并输出对应目标语言的译文。但是，如何构建双语语料库，如何计算输入和保证库中译文的高相似度，仍是需要研究的问题。

基于统计的机器翻译方法主要依靠概率统计模型，系统同样需要事先构建一个含有大量文本数据的语料库，翻译模型通过对语料库进行统计来实现文本翻译。例如，当需要翻译一句话时，翻译系统会给出多个词的翻译，基于词的翻译模型通过查找语料库，进行词的概率统计，最后输出概率最大的词组合成语句。

随着深度学习的发展，深度学习逐渐成为机器翻译的主要工具。和其他深度学习任务类似，基于深度学习的机器翻译也需要大量语言数据的支持。用于机器翻译的神经网络通常分为编码器和解码器两部分，编码器将源语言编码成一个词向量，之后通过隐藏层学习上下文信息，得到一个高维特征向量，最后通过解码器将高维特征向量解码成目标语言。近年来使用深度学习方法提高了机器翻译的质量，例如著名的Seq2Seq（序列到序列）模型[31]和Transformer模型，后者利用注意力机制描述了语言内部词与词之间的关联，使得机器翻译的准确性更上一层楼。

3. 让你的翻译"信达雅"

虽然机器翻译正处于火热发展的阶段，但同样存在一些发展的瓶颈。首先，语言的歧义性是自然语言中存在的普遍问题，这种问题在语言转换中容易被放大。同样的句子在不同机器翻译系统下可能会得到不同的结果，因此，机器翻译还需要进行译文选择，得出最合理的翻译结果。

此外，不同的语言环境有不同词法、句法结构和规则，例如英文句子喜欢把时间状语放在句末，而在中文里时间状语则会被放在句子前面部分。在进行语言转换时，要做的不仅仅是字符串的配对，还要注意语句结构是否合理。最后，一个高质量的翻译器还需要解决文化异同、词不达意等方面的问题。

严复在《天演论》中说道，"译事三难：信、达、雅"。"信、达、雅"指译文翻译需要做到准确、通顺、得体，这是对翻译人员的基本要求，同样也是机器翻译技术要追求的目标。

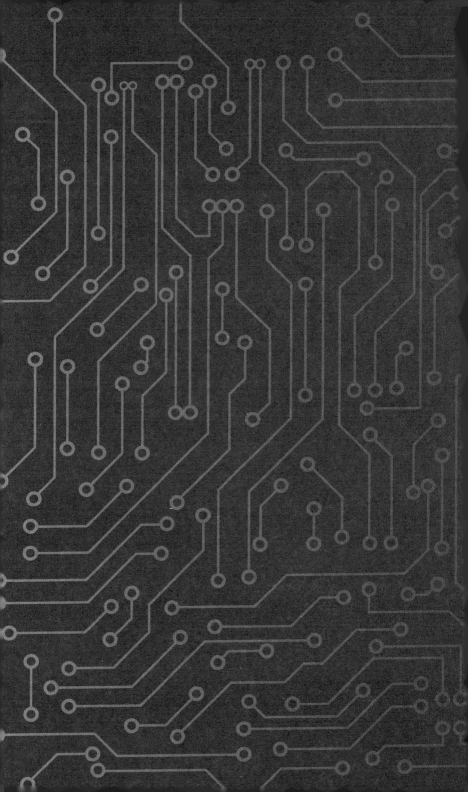

第五章

你的生活，AI
为你量身定制

一、"投其所好"的人工智能

我们经常用到智能推荐系统，例如购物软件会根据我们的购物习惯生成商品推荐，视频和音乐软件根据个人播放历史推荐相似的视频、音乐等。推荐系统除了为我们推荐"好物"，还能帮助我们向客户提供产品推荐和建议，是智慧营销的重要环节。

人工智能是如何发掘人类的喜好，并进行个性化推荐的呢？让我们来探索人工智能的推荐系统算法。

（一）人工智能为你"高定"

1. 推荐系统，为你提供个性化的建议

"高定"，即高级定制，这一词最早出现在服装业，指的是为消费者提供高级私人定制服务。推荐系统的出现使"高定"不再只是针对奢侈品的服务，而是我们每一个人都能享受到的来自人工智能的"高定"服务。

推荐系统是什么？实际上，除了机器，我们在生活中还会碰到这些"推荐系统"：为你推荐特色菜的服务员、为你推荐商品的导购员，甚至是在你"选择困难症"发作时，为你提供建议的朋友。

但是，请求他人来为我们做推荐，有时候并不是那么容易。我们需要找到一位熟悉我们喜好，并且见多识广的朋友或专业人员。幸运的是，有了人工智能，我们不需要再为此而烦恼。人工

智能的推荐系统能够为我们提供精准的个性化建议，而不需要耗费太大的成本和人力。

当我们得到的信息过多或者需求不明确的时候，人工智能能够帮助我们将信息进行整合和分析，形成个性化推荐。

在如今的流量时代，各个线上平台使出浑身解数将流量变现。为了吸引流量，只要有人使用网络进入平台，在用户授权的情况下，平台就可以对用户行为进行记录和分析，根据用户的需要提供个性化定制和个性化推荐服务（图5-1）。

图5-1　个性化推荐服务

2. "高定"技术的发展史

1992年，推荐系统率先出现在过滤邮件的应用中，用来过滤一些用户不需要或不感兴趣的垃圾邮件。

在1994年，美国明尼苏达大学GroupLens研究组首次提出一种推荐算法——协同过滤算法。该算法采用基于用户的协同过滤算法，用于推荐任务，为后续的推荐算法的发展奠定了基础。

1998年后，亚马逊将协同过滤算法用于电商购物领域，并在2003年将该算法在期刊上公开发表。此后，协同过滤算法成为传统推荐算法的主流。

2006—2009年，矩阵分解方法被多数推荐系统所应用。随着机器学习的火热发展，2007年，融合了机器学习算法的推荐系统被提出。此时，基于机器学习的推荐算法采用人工特征提取的方法来为数据提取特征。2010年后，推荐算法与机器学习领域深度融合，提出了双塔模型、梯度提升决策树（gradient boosting decision tree，GBDT）、XGBoost[32]等一系列算法模型。在深度学习技术兴起以后，推荐系统算法又开始往深度学习、神经网络方向靠拢[33]。

3. 无处不在的推荐系统

推荐系统为用户实现个性化定制。购物平台按照用户平时的购买习惯和浏览行为等，为用户推荐商品。搜索引擎利用关键词、热点内容等，为用户推荐搜索词条。输入法按照用户的输入习惯、词频、热点词汇等，显示相关输入。外卖平台根据用户平时的点单偏好等，为用户推荐店铺。新闻网页根据事件新鲜度、讨论度、主题等，为用户推送相关新闻。

这些推荐算法帮助平台赚取更多流量和资本，也帮助用户用最小的成本挑选到心仪的商品、筛选到相关内容。互联网时代，人们每天都要从繁杂的信息中提取有效信息并分析出关键内容，推荐系统可以帮助用户提高效率。

购物平台通常需要思考如何将流量利用率最大化，在投入低人力成本的同时，将流量精准投送给用户，增加商品的曝光量、提高商品成交率。平台通过使用推荐系统吸引用户、提高用户黏性、增加点击率，从而提升用户转化率。对这些平台而言，推行个性化推荐和个性化定制是势在必行的。

对于用户来说，通过推荐系统得到的推荐都是彼此相关的或是自己感兴趣的内容，可以提升用户的网络体验感。在信息检索中应用推荐系统可以大大提高搜索相关性和搜索效率。

（二）体验人工智能的"高定"技术

1. 人工智能如何为你推荐

推荐系统通常包括3个模块：召回、精排、后排。召回指的是从物品列表中挑选用户感兴趣的物品。精排是将用户所选择的感兴趣的物品按照一定的规则进行评估、打分和排序。后排是对物品及评分结果进行人工干预，例如对排序进行调整等。一个简单的推荐系统流程如图5-2所示。

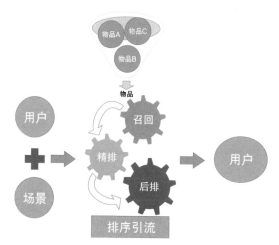

图5-2 简单的推荐系统流程

前文提到，协同过滤算法是推荐算法的一种，它的核心思想是"取其精华，弃其糟粕"——提取有用信息，筛掉无用信息，为用户推荐其感兴趣的内容。协同过滤算法分为基于用户、基于物品、基于内容的协同过滤算法。接下来，让我们来了解基于用户的协同过滤算法的主要原理。

假设到一家以前没有去过的餐厅参加朋友聚餐，面对陌生的菜单无从下手时，我们会怎么办？此时，我们会请求朋友推荐菜品。要找哪一位朋友帮忙呢？这位"推荐人"除了需要熟悉这个餐厅的菜品外，还要有一个重要的特征：他的口味偏好与我们的相似。这实际上就是基于用户的协同过滤算法的原理。算法认为，两位习惯或偏好相似的用户，他们喜欢的东西很可能是类似的。一位用户购买了某件商品、收藏了某个视频，另一位和他偏好相似的用户很可能也会对它们感兴趣。

可见，算法的关键在于如何找到"偏好相似"的用户。也就是说，算法需要定义和计算两名用户的相似度。相似度是从数据中计算得到的，数据来源包括用户的浏览记录、点赞收藏、评分评论等。

表5-1是5名用户对5个商户进行评价的结果。在这个表格中，用户2没有与商户1、商户4进行过交易，推荐系统应该对用户2推荐这两家商户吗？

根据表格中的评价结果，算法认为用户2和用户5相似度较高，因此，算法根据用户5的评价结果，认为用户2会跟用户5一样，会对商户1满意，而不满意商户4。因此，算法会向用户2推荐商户1，而不会推荐商户4。

表5-1　用户满意度评价结果

序号	用户1	用户2	用户3	用户4	用户5
商户1	满意	—	满意	满意	满意
商户2	不满意	满意	不满意	不满意	满意
商户3	—	满意	满意	不满意	满意
商户4	—	—	满意	满意	不满意
商户5	满意	不满意	—	满意	不满意

在这个例子中，我们可以很直观地感觉到用户2和用户5的偏好是相似的，他们同样对商户2、商户3感到满意，而对商户5不满意。在真实场景下，需要分析的数据量通常比较庞大，算法将使用更复杂的相似度度量方法等来衡量两个用户的相似程度。

近年来，随着深度学习技术的发展，神经网络逐渐成为主流的推荐系统模型。图神经网络是构建推荐系统常用的一种神经网络结构。图神经网络用"节点"表示用户或者物品，用"边"表示节点之间的关系。例如某用户经常购买某商品，通过对节点（用户、商品）和边（用户与商品之间的关系）进行建模，可以得到一个满足推荐需求的图神经网络结构模型（图5-3）。

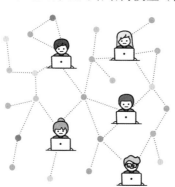

图5-3　基于图的推荐系统结构

2. 推荐系统的"绊脚石"

推荐系统是数据驱动的业务场景，数据的实时性、完整性、准确性等都会对推荐系统的性能产生影响。目前的推荐算法主要面临以下难题。

首先是"冷启动"问题。在人工智能领域，"冷启动"问题指的是没有足够的数据来训练模型的问题。推荐系统需要对大量历史数据进行分析和学习，如果缺失某些用户的数据，例如不知道他的喜好和习惯，系统将无法精准推荐相关内容给用户。这种问题也叫"用户冷启动"问题，通常出现在新注册的用户身上。目前的解决方案包括：向新用户推荐"受到普遍欢迎"的热门内容、所在地区附近的热门内容，或是要求用户在注册时选择感兴趣的标签等。同理，对于新上线的商品、视频，也会出现"物品冷启动"的问题。

其次是用户行为数据和推荐内容存在延迟的问题。由于这些类型的数据是动态变化的，所有数据从产生到上传，再到审核、分析、打上标签，直至最后呈现出来，必然有时间差，时间差过长会影响推荐系统的准确率。缩短中间时间能够提高推荐系统的准确性。

推荐系统中存在多种不同的优化目标，例如，为用户推荐视频的系统，它的目标可能不仅仅是提高推荐视频的点击率，还包括提高收藏数、点赞数。对于这种多目标优化的问题，最好的情况是模型能够同时使所有目标达到最优或接近最优。但是，很多模型很难做到"鱼与熊掌兼得"。推荐系统可以在某些目标的达成上效果明显，而对另外一些目标则只能达到较差的效果。如何平衡多个目标的效果是推荐系统在设计时就需要考虑的问题。

除此以外，推荐系统算法还需要解决转化稀疏、链路一致性等技术问题，以及考虑用户隐私问题等。

二、让人工智能管理你的钱袋子

人工智能专家李开复在《人工智能》一书中讲道："金融是人工智能最好的落脚点。"金融领域通常需要处理大量的数据信息，这正是人工智能擅长的。金融服务也被越来越多的人和企业需要，"人工智能+金融"有着广阔的应用空间。

金融机构可以在人工智能的帮助下优化投资决策，普通投资者也可以通过人工智能实现个性化理财。本节我们将聚焦人工智能在金融领域的应用技术。

（一）人工智能，让理财个性化

1. 当金融理财遇上人工智能

随着居民收入的提高，理财服务成为大多数人的需要。理财方式越来越多样化的同时，资产管理市场也越来越庞大。虽然投资者越来越多，但专业的投资顾问却数量有限且水平参差不齐，并且不是每个人都能请得起一位专业人士来为自己出谋划策。此时，我们不妨请人工智能来做我们的投资顾问，为我们打理资产，量身定制只属于我们的理财方案。

人工智能通过明确用户需求和理解金融产品，为用户提供智能化、专业化、个性化的投资理财服务。"智能投资顾问"利用人工智能、大数据、云计算等信息技术分析和挖掘金融数据（图5-4），根据已知的用户信息，如经济状况、投资金额、用户职业、投资经验、收益目标等，为投资者制订专属的投资理财方案。

图5-4　金融数据分析和挖掘

低成本、低门槛、精准、高效，是人工智能理财的优势。智能投资顾问减少了理财的人力成本，并且速度快、效率高，能够精准地根据每位用户的特点给出组合投资建议。

2. 打造智能的投资服务

人工智能赋能金融投资领域，智能投顾行业迅速崛起，多个金融公司开始部署智能投顾产品线。生活中的"智能投资顾问"十分常见，国内很多公司都推出了这类产品，例如支付宝理财模块中的"投顾管家"、招商证券的"e招投"、华夏财富的"查理智投"、中国工商银行的"AI投"等。这些"智能投资顾问"为用户收集和整理投资信息，提供科学投资思路，规划投资路线。

智能投资理财服务包括提供理财咨询、投资风险评估、投资建议、推荐投资领域等，可以帮助用户了解和分析基金的持仓状况，获取投资市场的有效信息，为资金分配提供建议，优化投资方案。人工智能助力投资理财，提高了居民投资的热情，降低了投资服务的门槛。

除了为个人提供个性化投资理财服务外，智能投资理财还能帮助商业银行等金融机构提升金融服务的水平。金融机构可以将以往人工处理不了的大量数据交给人工智能来处理，让人工智能完成对金融数据的分析，深度挖掘客户需求和市场潜力，预测未来的市场行情，帮助金融机构为客户提供更优质的金融服务（图5-5）。

图5-5　人工智能参与金融服务

3. 你信任你的投资顾问吗

目前的"智能投资顾问"还存在着需要解决的问题，例如，很多智能投资理财系统对市场风向不够敏感，不能实时地、有前瞻性地为用户提供投资建议。

此外，由于人工智能技术的专业性，很多人不能理解其中的原理和逻辑，不信任机器提出的建议，或难以估算自己的投资风险。

目前，智能投资理财的行业标准和法律法规仍不完善，人工智能投资理财服务缺少监管。把"钱袋子"交给人工智能管理可能存在一定的数据和财产安全风险，一些不法分子可能会利用人工智能系统的漏洞获取用户的个人隐私以及金融财产数据。因此，尽早出台和完善相关法律法规相当必要。

虽然现有的"智能投资顾问"还战胜不了金融领域最优秀的投资人，但是，人工智能与金融结合是时代的发展趋势。随着人工智能的发展，智能金融技术将会越来越成熟。

（二）智能风控：保证钱的"安全"

1. 银行会贷款给隔壁公司吗

金融交易必然伴随着风险，优质的金融服务离不开风险控制（简称风控）。例如，对商业银行等金融机构来说，在向个人和企业提供信贷服务时，必须考虑如何有效地评估放贷对象的信誉和偿债能力，来制订合理的放贷额度、利率的规划方案，规避放贷风险，以及最大化银行的利息收益等。商业银行应选择向信誉高、营运能力强、供求关系稳定的企业提供贷款，而避免向信誉差、实力差的企业提供高额度贷款。

传统的金融风控由人工控制，成本高且误判率高。人工智能可以更高效地实现金融风控。例如，通过构建机器学习模型有效评估个人或企业的违约风险，预测未来违约的可能性；使用智能计算，可以求解商业银行收益最大化和风险最小化的最优问题。

智能风控利用大数据分析和人工智能技术，帮助金融机构预测未知的金融风险，并合理控制风险，使风险最小化。智能风控的发展潜力是巨大的，成熟的风控算法和体系还可以运用到大型企业的投资行为评估、资产评估、投资风险预测等方面。

2. 刻画用户的形象

在文学作品中，作者会通过对人物外貌、行为、语言的描写，以及叙述发生在人物身上的事迹，来把这个人刻画得惟妙惟肖。通过这些描写，我们就能了解这是一个什么样的人。在信息时代，我们只要能收集某个人相关的数据，例如性别、年龄、兴趣爱好等，利用大数据和人工智能等技术，就能描摹出他的虚拟形象——这就是"用户画像"需要做的事。

用户画像的思想来自交互设计之父阿兰·库珀（Alan Cooper）。用户画像最初被应用于智能营销，营销平台通过收集用户的个人信息、浏览记录和交易记录等数据，来分析用户的基本特征，构建用户画像，了解用户的需求与偏好，为用户打上专属的"标签"，以便进行精准营销。以往处理大量的用户信息和浏览交易记录等数据需要花费大量时间、人力等成本，大数据和人工智能技术的出现使数据的挖掘和分析变得更加快速高效。

构建用户画像对金融风控非常关键。金融机构需要通过收集用户的性别、年龄、学历、职业、收入水平、资产状况、消费记录、个人信用等信息和数据，了解和熟知用户的信用状况、经济能力、消费水平，从而降低金融机构的信贷风险（图5-6）。

图5-6　人工智能构建用户画像

如果商业银行从用户画像分析得到：隔壁公司不仅信用不好，而且运营相当糟糕，偿债能力太低，银行自然不会向它提供贷款——因为违约风险一定非常高。

3. 智能风控的两大武器：金融大数据和人工智能模型

要让人工智能来帮助商业机构实现风险控制，离不开两大"武器"的支持：金融大数据和人工智能模型。

用户画像必须通过分析和挖掘用户数据得到，风险的评估和决策模型也需要从大量的历史数据中总结规律得到，高质量的金融数据对金融风控的重要性不言而喻。

构建高准确率的风险识别、评估和信贷决策模型是智能风控的关键。目前，有大量学者尝试将机器学习算法运用于银行信贷风险预警。例如，使用SVM模型对信贷风险进行评价[34]、使用多个决策树构成随机森林来评估信贷风险相关特征的重要性[35]、利用分类树和遗传算法的互补性来构建银行信贷风险分类的混合模型[36]等。更先进的方法是使用知识图谱和图神经网络结构对用户社交关系进行建模，帮助信贷机构识别信贷过程中的风险[37]。

三、智能时代，隐私安全第一位

在智能时代，人们可以利用网络爬虫、大数据、云计算等技术，对海量的数据进行收集、存储、计算和分析，还可以利用数据挖掘和人工智能方法，分析数据背后的规律，让历史数据帮助我们完成未来的决策。

数据中潜藏着巨大的价值，随着技术的发展，数据泄露的风险也越来越大。我们在为大数据技术和人工智能的强大力量惊叹的同时，不能忽视了数据安全和隐私保护问题。

（一）保护你的个人数据

1. 你的隐私是怎么泄露的

我们的隐私往往是在日常生活中有意或无意地泄露出去的。例如，在电商平台购物时，丢弃快递包装前没有对上面的姓名、手机号、地址等信息进行涂抹，或在外卖平台点单时，个人信息没有被平台隐藏。入住酒店时登记的个人信息，坐网约车时留下的手机号、姓名、上下车地点等信息，都可能被人蓄意收集和利用。

随着移动设备的普及，各种手机应用的诞生为我们带来了便利。但是，有的手机应用存在来源不明、隐私协议模糊，或是应用中被安插了后台监听程序等问题，这些应用很可能在用户不知情的情况下收集用户信息，对用户隐私造成威胁（图5-7）。部分手机应用软件以要求用户开放权限的方式，过度获取用户的信息。有的手机应用甚至存在安全漏洞以及被黑客利用的风险。

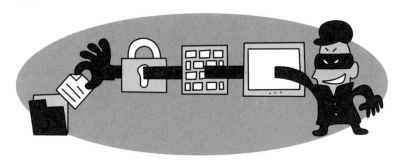

图5-7　应用非法手段获取用户隐私数据的过程

2. 隐私安全，需要这样守护

日益发展的信息科技为我们的生活带来便利，同时也带来了数据安全和隐私泄露问题（图5-8）。例如平台在收集用户信息的时候，会不会泄露了用户的个人隐私？个人信息会不会被非法贩卖，用于电信诈骗等犯罪活动，危害用户的安全？

图5-8　一味追求便利和效率对用户隐私的影响

随着大数据和人工智能技术的发展，个人数据泄露的风险也有所增加。我们当然不愿意因噎废食，放弃发展信息技术。我们要怎样做，才能既享受人工智能为我们带来的便利，又保证自己的隐私安全不被侵犯呢？

在技术上，数据加密和数据脱敏可以帮助我们保护个人隐私。比如，我们对上传到社交媒体的个人照片进行"打码"，就是一种数据脱敏的手段。再比如，在智慧金融领域，金融数据属于敏感、关键的数据，且容易涉及用户的个人隐私和财产安全问题。金融机构需要对客户的个人信息采用加密手段，来保护客户的隐私。

在日常生活中，我们要提高安全意识，不要主动泄露自己的个人信息。对于家庭住址、银行卡号、身份证号、电话号码等个人信息，要有意识地进行保护，不随意泄露。例如，在线上购物时，避免留下自己的真实姓名和家庭地址；在收到包裹后，可涂抹快递单上的个人信息。

互联网平台应依法保护用户隐私,必须在用户同意的情况下收集用户的个人信息,不应在用户不知情的情况下收集用户信息、追踪用户的网络行为、出售用户个人信息。平台还应保证数据的安全,保护用户隐私数据不被泄露和攻击。

(二)AI反诈中心

1. 人工智能,新型的诈骗工具

科学技术的发展日新月异,诈骗手段也花样百出,电信诈骗日渐猖獗,让人防不胜防。人工智能也可能成为不法分子实施新型诈骗的工具。

眼见不一定为实,人工智能可以通过获取受害人与亲朋好友的关系或信息来伪造个人信息、模仿声音、套取指纹、AI换脸(图5-9)等方法骗取受害人的信任,导致受害人钱财损失。也

图5-9　警惕AI换脸骗局

有犯罪分子利用计算机远程技术，远程控制受害人的电脑或是与受害人共享屏幕，非法转移钱财。人工智能可以通过处理海量数据，分析出反诈意识薄弱的人群，锁定对象，使犯罪分子更容易成功地诈骗钱财。社交应用的兴起，让犯罪分子有了可乘之机，这些技术使得破获诈骗案件的难度加大。

2. 让人工智能为我们"反诈"

人工智能可以用于诈骗，也可以用来反诈。

人工智能可以对数据进行统计、分析得出有诈骗行为的或有诈骗嫌疑的网站、电话号码等，并对这些结果进行标记，提醒有关部门重点关注这些网站或电话号码。当发生疑似诈骗行为时，有关部门可以用最快的速度阻止诈骗案件发生。

我们可以利用人工智能构建诈骗案件预测模型。将诈骗案件数据输入模型，提取诈骗案件的通用特征，对诈骗案件进行预测，发现具有诈骗风险的行为。

还可以通过人工智能对诈骗案件中的信息进行数据筛选，获取案件的主要特征，构建案件特征和涉及人物的知识图谱，使用自然语言处理技术对诈骗案件的特征进行提取和分析。也可以结合图神经网络、区块链等技术实现诈骗案件的预警、阻断和处理，构建由人工智能技术组成的智能防御体系，尽可能阻止诈骗案件的发生。

第六章

开启人工智能的未来模式

一、未来已来？从人工智能的发展趋势说起

人工智能作为人类进入智能时代的决定性力量，已迎来了高速发展的黄金时代。从人工智能的发展趋势看，"大数据+大模型+多模态"是其未来发展的主要方向。同时，人工智能也将赋能更多产业，全方面融入人们的生活（图6-1）。

图6-1　人工智能融入人类生活

（一）模型更大了——从大数据到大模型

1. 越来越大的深度学习模型

21世纪以后，人类正式迈入了大数据时代，计算机需要处理的数据量呈指数级增长。为了处理规模越来越大的数据，并从大量的数据中获取足量的有价值信息，深度学习模型的参数量也相应地变多。2012年获得ILSVRC冠军的卷积神经网络框架AlexNet

总共要训练约6 000万个参数；2014年的VGG16网络的参数量达到了1.4亿，网络深度的增加使其达到更高的分类准确率。

后来人们发现，网络参数量太大，可能会导致梯度消失和过拟合等问题出现，使机器学习效率变低。于是，随后提出的GoogLeNet、ResNet和DenseNet等经典网络对网络层模块和神经元连接方式等进行了改进，以求在增加网络深度的同时，降低参数量，提高训练效率。然而，为了提高学习精度，网络参数量越来越大仍然是人工智能模型普遍的发展趋势。有研究表明，深度学习模型的参数量越大，模型越有能力捕捉到更丰富的知识。对目前非常热门的预训练模型来说，提高参数量能显著提高模型的性能。

2. AI模型中的那些"庞然大物"

在自然语言处理领域中，2017年提出的Transformer模型的参数量超过了1亿。Transformer家族的重要成员——BERT和GPT等预训练语言模型的参数量也超过了1亿。其中，GPT-3模型在自然语言生成等领域的表现令人惊叹，它的参数量甚至突破了百亿。在图像领域，ResNeXt等卷积神经网络大模型也在陆续出现，不断地更新ImageNet的识别准确率，呈现"大力出奇迹"的现象。

近年来，越来越多的"大模型"和"超大模型"不断涌现。2021年4月，华为等机构成功研发出用于自然语言理解和文本生成的大模型"盘古"。"盘古"是从超过80TB的文本数据精炼到约1TB的高质量中文语料库中训练得到，参数量达到2 000亿。

我国于2021年6月发布的"悟道2.0"大模型[38]的参数量则

超过了1.7万亿。这个由北京智源人工智能研究院等机构研发的大模型可以同时处理图像数据和中英文双语文本数据，在多语言图像检索等9项世界公认的基准测试中荣登榜首。此外，微软、谷歌、腾讯、百度等国内外研究机构均有投入AI大模型的研发。

在人工智能领域，"大模型"一般指的是大规模预训练模型。"预训练+微调"是训练大规模预训练模型的基本范式。大模型在海量的常规数据中进行预先训练，再针对实际任务进行微调，使其能适应下游任务。因此，大模型也被称为"基础模型"，具有较高的通用性。

3. 得数据者得天下，失算力者失江山

数据、算力、算法被认为是人工智能的"三驾马车"。人们常说，数据是人工智能的基础。数据就像人工智能的"食粮"，人工智能模型需要从大规模的训练数据中学习和发现其背后的分布规律，是靠大量的数据"喂"出来的。

然而，只有数据还远远不够。若没有足够的算力，再精妙的模型设计也只能成为一纸空谈。我们知道，神经网络与反向传播算法早在1986年便被提出，却由于没有足够的算力而陷入发展的低潮。直到GPU技术开始发展，深度学习得到GPU并行计算的支持，才成为当前人工智能领域最热门的课题。

大模型的训练离不开海量的高质量数据和庞大算力的支持。"悟道2.0"正是在我国的"神威"超级计算机上，使用接近5TB的高质量训练数据完成训练的。

虽然我国东部城市分布有大量的数据中心，但算力资源短缺，而西部地区则有着丰富的能源和资源，我国在2022年2月正

式启动"东数西算"工程。"东数西算"通过在东部和西部多个城市建设算力枢纽节点和数据中心集群来构建算力网络体系，把东部城市产生的数据，分摊给西部算力中心计算，从而解决大数据和算力的资源配置问题。"东数西算"既满足了东部城市的算力需求，同时也带动了西部地区的经济发展。

（二）模态更多了——从单模态到多模态

1. 让机器认识万千世界

"类人"是人工智能的发展目标，就是要让人工智能像人类一样去感知和认知事物。人工智能实现"类人"的一个难点，就是如何拥有"跨模态"的感知和认知能力（图6-2）。

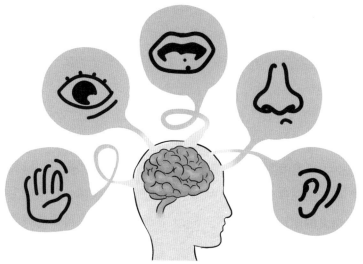

图6-2　人类多模态数据的认知能力

我们熟悉的文本、图像、声音、视频等，都是一种"模态"。相信很多人都有过类似的经历：我们阅读一首诗歌，脑海里便会想象出画面和声音；我们听见鸟鸣声，就能想象一只鸟活蹦乱跳的样子……这种"跨模态"的理解能力对人类来说十分寻常，但对机器而言，拥有这种想象力非常困难。

传统的人工智能处理的往往是单模态数据。人脸识别模型只会处理人脸图像数据，如果输入一段音频，它将会无所适从；语音生成模型也只能生成音频，如果想要让它生成图像，这当然是强"人工智能"所难。

对计算机而言，不同模态意味着不同类型的数据。要实现多模态人工智能，机器需要对不同类型的数据进行融合处理，将不同模态的数据映射到同一个特征空间，学习它们之间的关系，使各模态互相补充、相辅相成。在人机交互等领域中，多模态人工智能在对视觉、听觉、触觉等多维度情景的打造中扮演着关键角色。

从单模态到多模态是新一代人工智能的发展方向之一。下面我们来认识两个多模态人工智能大模型——Dall-E和"紫东太初"。

2. "望文生图"的人工智能

2021年，OpenAI（在美国成立的人工智能研究公司）发布了Dall-E（美国图像生成系统）多模态大模型，实现了"以文生图"的跨模态任务。"以文生图"即输入描述文字，让模型生成符合语义的图片。无论描述有多天马行空，模型都可以向我们展示它的创意。例如，我们可以输入"蝴蝶翅膀形状的灯"，网站便会显示由模型生成的图像——一些蝴蝶形状的灯具。

OpenAI的官方博客上展示了更多由Dall-E模型生成的图像，有兴趣的读者可以到博客上浏览模型实际生成的结果，感受

千方百智

Dall-E惊人的艺术创造力。

Dall-E能理解文字描述，生成符合描述的图像，而且生成的结果非常逼真，图像质量高。Dall-E能根据描述生成真实照片，以及艺术图画、卡通、素描和草图等。Dall-E实现了"文字"和"图像"两种模态的有效交互。

3. 开天辟地的"太初"模型

中国科学院自动化研究所研发的"紫东太初"，是我国继"盘古"和"悟道"后的又一个成功的大模型。拥有千亿参数的"紫东太初"是多模态人工智能的成功尝试。

和Dall-E等支持图像和文本的双模态模型相比，"紫东太初"加入了"语音"的模态，在"以图生音"和"以音生图"等跨模态生成任务的基础上，实现了"语音生成视频"的任务，生成包含画面和声音的真实视频。"紫东太初"将应用于工业生产、手语教学、影视生成等多种场景中，例如，在纺织业生产线上，"紫东太初"可通过声音和视觉综合判断织造的质量。

"紫东太初"首次打破了语音、图像、文本3种模态的壁垒，具备跨模态的理解和生成能力，是全球首个三模态模型。该模型获得了2022年世界人工智能大会最高奖项卓越人工智能引领者（superior AI leader，SAIL）奖。

（三）应用更广了——无处不在的人工智能

1. 人工智能"赋能"更多行业

你可能会想，我们花了这么大力气来研发新一代人工智能技术，它们到底有什么用？

进入人工智能时代，越来越多成功的人工智能模型陆续发布，展示出新一代人工智能的强大能力。同时，我们更希望人工智能不是屠龙之术，而是能够落地应用到不同的实际场景中，"赋能"更多不同的行业，提高生产效率，为行业带来变革，引领经济社会的发展。

作为一种通用的技术，人工智能可以应用在不同行业中。例如在医疗行业，人工智能被广泛应用在医学影像分析等领域；在教育行业，人工智能可以为教师提供资源共享、数据分析等功能。

人工智能赋能不同的行业，为这些行业带来技术上的突破，甚至催生新的生产模式，实现行业转型升级。例如，人工智能与传统制造业相融合，可促进生产制造的自动化、数字化、智能化，大大提高生产效率，还能实现市场前景预测、产品质量监控等。

2. "人工智能+X"

要实现人工智能赋能更多行业，离不开对人才的培养。目前，我国许多高校均致力于打造以人工智能为基础的"人工智能+X"交叉学科和专业，培养复合型、创新型人才，以适应新一轮的科技革命和产业升级。这里的"X"可以是金融学、法学、医学、生物学等任何学科。

社会对人才的需求在人工智能时代发生了一定的变化，单一型学科人才已难以适应新一轮科技革命和产业升级的要求。学科交叉是未来高等教育的必然趋势。目前人工智能、数据科学等学科已成功与其他学科结合，诞生了生物信息学、金融科技、计算神经科学等新型交叉学科，培养了一批批优秀的复合型人才，更好地顺应时代趋势。

千方百智

人工智能在将来很有可能成为一门基础学科，支撑其他新型交叉学科的发展。一方面，即使对非计算机科学相关学科的学生，学习人工智能学科的基本思维方式，也有助于理解新一轮科技革命和产业变革的方向。另一方面，人工智能的研究与发展也需要应用场景的驱动。不同的学科对人工智能技术提出的不同需求，都能够促进人工智能技术的创新进步和落地应用。

3. "智慧"的未来世界

人工智能除了帮助我们提高产能，也为我们点亮"智慧"生活。在未来，我们将生活在"智慧城市"，通过"智慧交通"出行，享受着"智慧医疗""智慧教育""智慧家居"等带来的便利（图6-3）。

图6-3　智慧城市

"智慧城市"指的是物联网、云计算、人工智能等技术应用在城市的规划发展、基础设施建设、管理运作等各个方面。在智慧城市中，居民能获得便捷的生活服务，政府也能更高效地对城市进行管理。

"智慧交通"是智慧城市的重要一环。自动驾驶、智能路线规划、城市交通监测等都属于智慧交通的范畴。出行是人们日常生活必不可少的部分，智慧交通将为人们带来更多便利。

医疗健康是民生的"头等大事"。人工智能在医疗领域中，可用于辅助诊疗、健康数据监测、疾病预警等。"智慧医疗"为患者提供智能化的诊疗服务，提高医院的工作效率，缓解医疗资源紧张。

未来人工智能还将更加深刻地影响人们的日常生活，它将成为我们生活中不可或缺的一部分。

二、未来之路上的绊脚石

我们希望人工智能成为我们工作和生活的"好帮手"。但是，我们可以完全信赖人工智能吗？虽然已有实验报告显示某人工智能机器在执行某任务时的准确率接近100%，但是，再聪明的人工智能，在实际应用时，会不会也有失误的时候？什么样的人工智能，才值得我们信任？

在"人工智能+"的大趋势面前，我们有必要了解更多关于人工智能的"隐私"，看看它的未来之路上有哪些可能让它摔倒的绊脚石。

（一）知其然，不知其所以然——不可解释性

1. 你是怎么算出来的

假设你训练好了一个分类器，在某数据集上得到了99.999 99%的准确率，你会不会兴奋地觉得自己得到了一个"完美"的模型？但如果它的分类依据完全是错的，或者是毫无意义的呢？这样的模型，你敢用吗？

你有没有想过，我们用神经网络构建的图像分类器，它到底是怎么判断输入图片的类别呢？很遗憾，这是一个很难回答的问题。

我们知道，神经网络由多个我们"看不见"的隐藏层构成。我们在训练一个图像分类器的时候，会向模型输入大量的数据和分类标签，让它根据经验，自己去学习内部参数，使神经网络能最好地拟合输入和输出的关系。但是，这些参数具体的意义是什么，没有人能够准确地说出来。也就是说，机器可能输出正确答案，却不会告诉你，它的工作原理是什么。这就是神经网络的"不可解释性"。

深度神经网络的不可解释性往往意味着安全风险。决策逻辑的不透明，可能会导致意想不到的结果出现——人们无法知道模型到底从数据里学到了什么，会不会学到可能危害人类安全和利益的内容。此外，如果模型做出了错误的决策，我们也很难明白它"错在哪里"，从而无法对模型进行调整。

对于人工智能模型，我们除了关注它的性能和准确率外，还不能忽视了模型的不可解释性。

2. 答案是对的，过程是错的

不少科学家尝试对神经网络的决策依据进行解释，例如，使用可视化技术来研究一个用于图像识别的神经网络到底"看"到了什么。图6-4和图6-5展示了两张卷积神经网络在图像分类任务上的可视化结果。在热力图中，神经网络认为越接近红色的区域对分类决策越重要，而接近蓝色的部分则被认为是与图像分类任务关系不大的背景区域。

在图6-4中，通过可视化，我们会发现该神经网络对白鹭鸟的头部区域关注度较高，其次是脖子、羽毛、尾巴等区域。这说明该神经网络是因为识别出了这些部位，并认为这些部位是判断图片主体为鸟类的显著特征和有效依据，才把这张图片主题分类为"鸟类"。可视化结果可以在一定程度上解释模型分类决策的原因或依据。

（a）输入图像　　　　　（b）分类模型对图像区域的关注程度

图6-4　图像分类的可视化结果（1）

注：右侧热力图为作者通过实验所得。

而图6-5则是一个分类结果正确但分类依据不正确的例子。虽然这个神经网络输出了图片主题的正确分类标签"船",但是我们通过可视化发现,该神经网络的关注点并不在船本身,而是背景的水域以及船在水中的倒影。它可能认为,有水的地方就有船。于是,只要"看"见了水域,模型就会输出"船"的识别结果。

 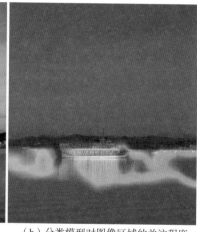

（a）输入图像　　　　　（b）分类模型对图像区域的关注程度

图6-5　图像分类的可视化结果（2）

注：右侧热力图为作者通过实验所得。

我们想要让模型学习"船"的特征,模型却学习了"水"。尽管得到的模型在"船"这一分类上达到了很高的准确率,但这个决策过程显然是错误的。这个神经网络的训练很可能也是错误的。

3. 揭开人工智能的"黑盒子"

人们把像神经网络这种"无法解释"的人工智能模型称为

"黑盒"模型。这种模型就像一个封闭的黑盒子，我们只能向模型输入数据，然后获取模型的输出，至于模型内部的计算逻辑是什么，为什么会获得这样的输出结果，我们却很难知道。

为了揭开这个神秘的"黑盒子"，建立人与机器的信任，人们开始关注可解释的人工智能（explainable AI，XAI）的研究。可解释的人工智能可以帮助人们更好地理解模型的决策逻辑和工作原理。

一个具有可解释性的人工智能模型应该是什么样的？决策树是其中一个例子。与神经网络不同，决策树的结构是清晰透明的，我们可以通过直观地观察每一个节点的划分规则来理解模型的决策过程。但是，作为一种弱分类器，决策树的性能有限。更复杂的模型（如神经网络）的不透明度往往更高，更不容易被人们理解。因此，有科学家认为，人工智能的可解释性和性能存在一个权衡的关系。

我们可以在设计模型时采用可解释性较高的模型。然而，面对决策树等模型难以解决的复杂问题，我们又必须使用性能更强大的模型。对于神经网络等"黑盒子"模型，可以使用可解释性方法对模型进行解释，包括根据梯度对隐藏层进行可视化、对输入输出进行因果分析、对属性或样本进行敏感性分析等。

可解释的人工智能在自动驾驶、金融、医疗等关键的、敏感的应用领域中显得尤为重要。自动驾驶要想被人们接受和信赖，必须能让人们理解它做出行为的原因。智能医疗如果没有可解释性，就无法用医学理论解释机器的诊断依据，可能面临一系列的伦理问题，难以广泛地进入临床实践。用于金融、投资等行业的人工智能模型也需要满足一定的可解释性，尤其是当机器决策与人类主观判断不一致时，模型必须对它的决策做出让人信服的解释，才能让用户放心大胆地做出正确的选择，维护用户的知情权益，规避金融风险。

唯有正确地解释模型，人类与人工智能的信任才能得以建立。

（二）人工智能的"刻板印象"——算法偏见

1. 机器真的是公平的吗

在很多人的印象中，机器是客观的、公平的，它只会严格按照既定的规则来进行计算，而不会像人类一样，受到主观情感的干扰。

然而，某科技公司使用人工智能招聘系统来辅助招聘流程，后来发现，人工智能更"喜欢"男性应聘者，会倾向拒绝优秀的女性；用于犯罪预测的人工智能，认为黑人的犯罪风险要远高于白人；让人工智能生成一组"CEO"或"成功人士"的图片，机器无一例外地生成了白人男性的形象。

人工智能居然也会有"偏见"！这到底是怎么回事？

训练数据集存在数据偏向是人工智能和机器学习产生算法偏见的主要原因。当参与训练的历史数据存在种族、性别的分布不均时，人工智能自然会从这些数据中学习这种偏见，被数据灌输"刻板印象"。例如，在训练数据集中，公司上一年录用的员工基本是男性、某地区犯罪的人员多数是黑人，人工智能因此认为男性应聘者更应该被录用、黑人比白人犯罪的可能性更高，这就导致了决策输出时有失公允。

在上一小节的"船"和"水"的案例中，导致分类依据错误的原因可能是这个模型的训练数据集中大部分带有"船"标签的图像都包含水域，因此模型根据经验，就可能会认为，只要识别到水域，就应该把图片主题分类为"船"。这就是数据偏见的一个例子。此时，如果输入一张搁浅在岸上的船的图像，模型可能就无法做出正确的判断。

人工智能的"算法偏见"问题与模型的可解释性息息相关。模型对数据存在偏见，往往是模型可解释性不足的表现。模型的工作原理不透明，会导致更多"偏见"的发生，因为人们无法获知模型决策的具体逻辑和依据。

2. 让人工智能克服"偏见"

我们希望能消除人工智能的"算法偏见"（图6-6）。如果存在严重"偏见"的人工智能模型被大范围地应用在实际场景中，可能会造成现实社会的公平性问题，也会破坏人类与人工智能之间的信任。

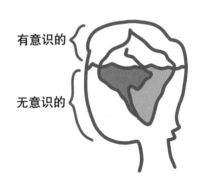

有意识的

无意识的

克服偏见

图6-6　克服偏见

使用"公平"的数据集是消除"算法偏见"最根本的方法。例如，对不同性别、种族、年龄的数据样本，要采用更加合理的比例，避免对某一群体的数据存在偏向。在构建训练数据集时，还应选择具有代表性的训练样本，保证数据的多样性和全面性，使训练数据能够客观地反映数据分布的真实情况。

除了输入数据以外，数据标注的工作也应当慎重，尤其是需要人工标注好坏、善恶、美丑等带有主观情感的标签时，标注者的主观判断也可能会带来"偏见"。

提高模型的可解释性，有助于消除模型的"偏见"。例如，让机器能够合理地解释自己的计算过程，证明自己不是因为"偏见"而做出某种决策。

最后，我们需要承认，"算法偏见"是无法完全消除的。人工智能的"偏见"往往是人类社会中的偏见和刻板印象反映在数据上的结果。我们可能很难获得一个绝对公平的数据集，但我们需要避免人工智能在"无意"中放大了人类社会的偏见。

（三）被"欺骗"的人工智能——对抗攻击

1. 毫厘之差，"禁止通行"变"可以通行"

假如有一天，你在汽车里开启了自动驾驶。此时，道路前方出现了一个"STOP"的交通指示牌，表示前方禁止通行。这个破旧的指示牌上贴着几张贴纸，但这并没有对标志造成影响（图6-7）。因此，你没有把它放在心上。

图6-7　被贴上贴纸的交通标志[39]

　　然而，汽车不但没有停下来，反而是加速往前驶去。

　　自动驾驶系统竟然把"禁止通行"识别成"可以通行"！但是你知道，你的系统识别正确率一直非常高，很少会犯错误。面对如此明显的"STOP"字样，它为什么会认为"可以通行"？

　　答案就在这几张微不足道的贴纸上。可以说，这些贴纸干扰了图像识别系统的识别过程，导致它输出了错误的答案。实际上，在真实场景中，图像识别往往会受到来自环境的干扰，例如光照、遮挡等。然而，有一种"干扰"，就像指示牌上的贴纸，它可能是人为造成的，看起来非常微小，且具有较强的伪装能力，人类的肉眼甚至不容易察觉，或者会被认为是普通的污渍、瑕疵等。但是，被干扰的样本作为数据输入机器时，却会引起计算结果的明显变化。

　　这些包含干扰的数据样本也被称为"对抗样本"，它们对人工智能模型进行攻击，使模型无法得到正确的输出。对抗攻击（adversarial attack）指的是人们对人工智能模型构造针对性的输入数据（对抗样本），即对正常数据进行微小的扰动，使机器做出错误决策。

2. 如何"攻击"一个人工智能

小小的贴纸，轻而易举地"骗过"了人工智能。它是怎么做到的？现在，让我们来当一回人工智能的"攻击者"，看看如何才能"攻击"一个人工智能。

要构造对抗样本来攻击人工智能模型，实际上就是求解：当一个尽可能小的扰动使得正常数据样本受到干扰后，输出结果将会最大地偏离原本的正确输出还是会接近指定的错误输出（图6-8）。这个过程并不难实现，甚至有人指出，只要改变输入图像的一个像素，就能成功地"骗"到图像识别器，让它"指鹿为马"。

这个最优化问题的求解可以和训练神经网络一样，通过不断的反馈和更新迭代计算得到。不同的是，我们训练神经网络时求解的是网络最优参数，而现在我们需要得到的是一个最能满足要求的输入样本，而我们要攻击的模型的参数则保持不变。

学会"攻击"人工智能对我们来说是一件好事。我们可以利用对抗攻击来保护自己。例如我们上传到社交网站的照片，可能会被不法分子下载并用于合成虚假视频。在上传照片前，我们可以为图片添加噪声等干扰，让它成为生成模型的对抗样本，这样既不会太多地影响到照片的质量，也能使模型无法生成足够真实的视频，避免对我们的安全和名誉构成威胁。

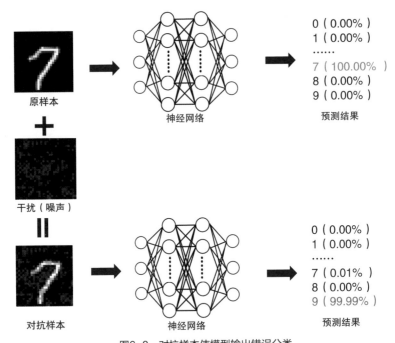

图6-8 对抗样本使模型输出错误分类

注：数据样本来自MNIST手写数字数据集。

3. 让人工智能不再"上当"

对抗攻击对人工智能而言是一个较大的威胁。如果人工智能系统在输入样本时受到微小的干扰就可能输出截然不同的结果，这必然会造成非常大的安全风险。

我们希望人工智能可以更加稳健，免受攻击。有"攻击"，自然就有"防御"的办法。对抗攻击的防御主要分为两种：被动防御和主动防御。

被动防御不改变模型，仅在输入数据时进行。在数据样本输入模型前，对数据做一些预处理，例如采用滤波器对输入的图片进行平滑化、仿射变换等变化，降低所添加的有害扰动的"毒性"。

主动防御则需要对模型进行重新训练。对模型进行"提前演练"——自己生成一些对抗样本，把它们作为输入数据，连同正确的标签加入模型的训练，让模型根据对抗样本输出的反馈，进一步更新参数，直到即使输入对抗样本，也能得到正确的输出。

可攻击性正阻碍着人工智能在包括自动驾驶等对安全性要求高的关键领域中的落地应用。因此，如何避免人工智能受到恶意攻击，保持更高的鲁棒性，是科学家们尤其关注的课题。

三、人类的未来，是惊吓还是惊喜

当人工智能一路披荆斩棘，超越一个又一个局限，突破一道又一道难关，将它的未来模式淋漓尽致地展现在人类面前时，人类所面对的将是惊吓还是惊喜呢？

著名物理学家斯蒂芬·威廉·霍金（Stephen William Hawking）认为："人工智能崛起要么是人类历史上最好的事，要么是最糟的。"越来越强大的人工智能，在未来的人类文明中将扮演重要的角色（图6-9）。人工智能会不会超越人类？在未来，人工智能是与人类互利共生，还是会取代人类，成为地球的新主人？

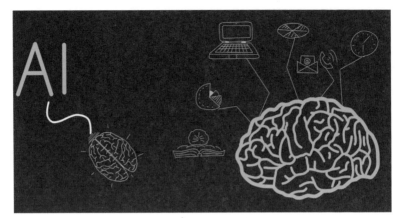

图6-9　人工智能在人类文明中扮演重要角色

（一）人工智能会抢了我的饭碗吗

1. 人工智能与就业"危机"

我们知道，人工智能可以帮助人类完成很多工作，甚至比人类做得更好。在未来，人工智能可能会代替人类承担部分劳动。因此有人担心，如果未来机器也能做我的工作，人工智能会不会让我失业甚至使我的公司倒闭？

人工智能被认为是"第四次工业革命"的核心驱动力。实际上，早在第一次工业革命，就出现了"机器排挤工人"的现象。蒸汽机等机器的发明，使工人的手工劳动被机器替代，导致大量工人失业，也因此爆发了一场著名的工人起义——卢德运动，失业的纺织工人们组织起来破坏机器。

随着人工智能技术不断发展，人工智能的价格成本不断降低，技术也趋近成熟。同时，人类的劳动力价格在某些社会因素的影响下逐步上升，这些都导致了人工智能越来越容易替代人类劳动。人类劳动被替代，导致工作岗位需求量下降，劳动力剩余，最终就可能导致一部分人失业（图6-10）。有专家分析，客服、打字员、收银员等简单的、重复性高的职业最有可能被人工智能替代。

如果有一天人工智能抢了你的饭碗，你会不会在一怒之下把机器人"砸"了？

图6-10　人工智能对人类工作的威胁

2. 是"危机"，也是机遇

人工智能替代人类劳动导致的工作岗位减少、劳动力剩余只是片面的、短期的情况。人工智能大大地节省了人类劳动的人工成本，使生产力成本下降，生产力上升，产品价格下降，人们对相关产品的需求也会随之上升，这将导致劳动力需求的上升和新岗位的产生。

新岗位的产生正是人工智能时代的机遇。虽然部分传统岗位的消亡使一些人面临失业危机，但随之而来的，像数据分析师等新岗位的产生也为人们带来了就业的新机遇。岗位的总需求量极有可能不降反升。

人工智能的确会替代一些劳动力，但从另一个方面看，人工智能会通过承担一些重复性高的工作来减少人们的工作时间和工作压力，提高工作效率，从而使人们解放头脑和双手，去做非规则性的体力劳动或者智力劳动，做一些相对更适合人类身心特点的工作。

虽然人工智能可能会替代部分职业，但也会带来更多的就业机会。那么，我们该如何抓住机遇？

3. 要保住"饭碗"，我们该怎么办？

人类想要不被人工智能替代，就需要重视人类思维的独特性[40]。我们知道，简单而烦琐的、程序化的、重复性高的职业更可能被人工智能替代，因为这是人工智能所擅长的，它很可能比人类做得更好；而需要大量沟通、社交、创造的行业，例如教育、心理咨询、艺术设计等，则不容易被人工智能替代。

社会意识、感性思维、创新能力、审美能力等，是人类独有的。因此，我们首先要提升自己的独特性和不可替代性，并且尽量避免从事受到人工智能冲击较大的行业。

其次，要培养终身学习意识，不断更新知识。知识更新周期的缩短是人工智能时代的重要特征。如果你大学毕业了就不再继续学习、不再更新知识，在后面的工作中全靠"啃老本"，你可能很快就会落后于时代，被时代淘汰。

最后，要提高核心竞争力。我们可以通过提高专业知识水平和实践能力，全面发展，培养批判性和创造性思维等，提高自己的核心竞争力。在行业中，我们的竞争对手除了机器外，可能还包括其他优秀的企业和人才。我们要学会充分发挥自身的优势和特点，才能成为行业中的不可替代者。

（二）人工智能的"奇点"

1. 奇怪的奇点

"奇点"是什么？"奇点"（singularity）最初是数学中的概念，表示未被定义的点。在物理学中，"奇点"一般指宇宙"从无到有"的临界点。美国的未来学家雷·库兹韦尔（Ray Kurzweil）首次把"奇点"的概念用于人工智能，指人工智能的能力超越人类的那一刻。

库兹韦尔认为，与摩尔定律类似，科技发展是指数型的，即使最初发展缓慢，之后会越来越快，直到爆发式增长。在未来的某个时刻，我们将迎来技术"奇点"——人工智能爆发式发展，将超越人类智能。库兹韦尔甚至预言了"奇点"来临的时间：超人工智能将在2045年实现。

比尔·盖茨曾称赞库兹韦尔为"预测人工智能最准的未来学家"。你认为他的预测靠谱吗？人工智能的"奇点"到底会不会出现呢？

2. 超人工智能，是福音还是灾难

人工智能"奇点"会不会出现，人工智能会不会超越人类智能，学术界到现在依旧争论不休。有的人认为，人工智能的确在很多方面已经超过了人类，超人工智能的出现指日可待；也有人

指出，机器不会独立思考，没有自主意识，也没有情感，因此，它只是人类智能的产物，不可能超越人类，人工智能的"奇点"不可能出现[41]。

假设人工智能"奇点"真的存在，会是什么样呢？

库兹韦尔预言，到2045年，机器将能够被植入人类大脑，让人成为无所不能的"超人"；纳米机器人甚至能进入人体，消灭病原体和癌细胞，实现人类的梦想。有的人为此欢呼，也有人为此感到恐慌。人工智能如果真的超越了人类，会不会摆脱人类控制，不再听人类指挥，甚至取代人类，威胁人类的生存（图6-11）？

图6-11　人工智能与人类的较量

美国作家艾萨克·阿西莫夫（Isaac Asimov）在他的科幻小说《我，机器人》（*I, Robot*）中描述了想象中人工智能对人类生存构成威胁的情形：人工智能自我意识觉醒，并最终站到了人类的对立面。霍金也曾经表示，在未来100年内，人工智能可能将反过来控制人类。

如果有一天，人工智能的"奇点"真的出现了，你会担心超人工智能叛变人类，取代人类，成为人类文明的终结者吗？

（三）掌握机器的控制权

1. 是因噎废食，还是互利共生

我们仍处于弱人工智能时代，创造能够自主推理和解决问题的智能机器人，实现具备与人类同等智慧的强人工智能仍是当今人工智能研究和发展的目标。至少在目前，人类对人工智能还有绝对的控制权。这是不是意味着，如果超人工智能真的会对人类生存构成威胁，我们应该在超人工智能到来前"及时止损"，让人工智能停留在弱人工智能阶段？

当然，这无异于因噎废食。而且，强人工智能尚未实现，想要让人工智能全面具备人类的思维、意识和情感，或许是十分遥远的事。人工智能在一些领域能够胜过人类，弥补人类的弱点。在信息时代，人类需要人工智能的协助，若不再发展人工智能，人类的工作生活可能会变得困难。例如，阅片医生可能会疲劳、会疏忽，一次阅片失误可能就是一场医疗事故，而人工智能不需要休息，可以一直保持较高的、甚至超过人类专家的准确率。

人工智能的飞速发展并非意味人工智能将与人类生存产生冲突。与人工智能互利共生才是正确的选择。我们应使人工智能成为我们的工具，成为人类的帮手，让人工智能服务人类，为人类创造更大的价值，加速人类文明的进步。

2. 与机器人"约法三章"

要让人工智能成为我们的工具和帮手，我们就要做机器的主人，掌握机器的控制权。为了保证人类的安全和利益，人们给机器人制定了规范和约束。其中，最为人熟知的是阿西莫夫的"机器人三定律"。

第一定律，机器人不得伤害人类，或坐视人类受到伤害。

第二定律，除非违背第一定律，机器人必须服从人类命令。

第三定律，在不违背第一及第二定律下，机器人必须保护自己。

后来，人们又补充了机器人第零定律：机器人必须保护人类的整体利益不受伤害，其他三条定律都是在这一前提下才能成立。这些定律都是机器人的"道德约束"和"行为守则"。

阿西莫夫的"机器人三定律"让机器人站在它们的创造者——人类的立场上。如果所有机器人都将"机器人三定律"奉为圭臬，人类便不会受到机器人的威胁，把机器人的掌控权牢牢地掌握在自己手里，保证人工智能安全、可靠。

尽管阿西莫夫的"机器人三定律"最初出现于科幻小说中，但随着人们对它的不断完善，已然成为人工智能与机器人学科在探讨技术伦理问题时的重要依据。

人工智能的未来模式终将开启，考验人类智慧的时刻已经到来。人类不但是人工智能的缔造者，也是我们这个星球上最具智慧的生物。人类和人工智能的未来故事怎样讲述下去？它是喜剧、悲剧还是闹剧？那就要看人类怎样处理和人工智能的关系，如何和它携手开创一个和谐美好的地球文明。

参 考 文 献

［1］ 人工智能（计算机科学的一个分支）［EB/OL］．［2022-10-24］．https://baike.baidu.com/item/人工智能/9180.

［2］ 周志华．机器学习［M］．北京：清华大学出版社，2016.

［3］ TURING A M. Computing machinery and intelligence［J］．Mind，1950，59（236）：433-460.

［4］ MINSKY M. The society of mind［M］．New York：Simon & Schuster，1988.

［5］ 罗文波，陈幼平，艾武，等．基于多智能体的供应链管理系统角色建模与设计［J］．计算机工程与应用，2003（19）：227-229.

［6］ MCCULLOCH W S，PITTS W. A logical calculus of the ideas immanent in nervous activity［J］．The bulletin of mathematical biophysics，1943，5：115-133.

［7］ MINSKY M，PAPERT S A. Perceptrons［M］．Cambridge，MA：MIT Press，1969.

［8］ HINTON G E，SALAKHUTDINOV R R. Reducing the dimensionality of data with neural networks［J］．Science，2006，313（5786）：504-507.

［9］ SILVER D，HUANG A，MADDISON C J，et al. Mastering the game of go with deep neural networks and tree search［J］．Nature，2016，529：484-489.

［10］ 国务院．国务院关于印发新一代人工智能发展规划的通知［EB/OL］．（2017-07-20）［2022-10-24］．http://www.gov.cn/zhengce/content/2017-07/20/content_5211996.htm.

［11］ 温竞华．国家新一代人工智能创新发展试验区已达17个［EB/OL］．（2021-12-06）［2022-10-24］．http://www.gov.cn/xinwen/2021-12/06/content_5657953.

［12］ ROBERT K，BRUCE G，EDWARD A，et al. DENDRAL：a case study of the first expert system for scientific hypothesis formation［J］．Artificial intelligence，1993，61（2）：209-261.

[13] FANAEE-T H, GRAMA J. Event labeling combining ensemble detectors and background knowledge [J] . Progress in artificial intelligence, 2014 (2) : 113-127.

[14] LECUN Y, KAVUKCUOGLU K, FARABET C. Convolutional networks and applications in vision [C] //Proceedings of 2010 IEEE international symposium on circuits and system. NJ, USA: IEEE, 2010: 253-256.

[15] GRANGER C W J, JOYEUX R. An introduction to long-memory time series models and fractional differencing [J] . Journal of time series analysis, 1980, 1 (1) : 15-29.

[16] KRIZHEVSKY A, SUTSKEVER I, HINTON G E. ImageNet classification with deep convolutional neural networks [J] . Communications of the ACM, 2017, 60 (6) : 84-90.

[17] EKMAN P, FRIESEN W V, O' SULLIVAN M, et al. Universals and cultural differences in the judgment of facial expressions of emotion [J] . Journal of personality and social psychology, 1987, 53 (4) : 712-717.

[18] ANWAR A, RAYCHOWDHURY A. Masked face recognition for secure authenthication [EB/OL] . (2020-08-25) [2023-02-06] . https://arxiv.org/abs/2008.11104.

[19] KARRAS T, LAINE S, AILA T. A style-based generator architecture for generative adversarial networks [C] // 2019 IEEE/CVF conference on computer vision and pattern recognition (CVPR) . California, USA: IEEE, 2019: 4396-4405.

[20] ZHANG H, XU T, LI H S, et al. StackGAN: text to photo-realistic image synthesis with stacked generative adversarial networks [C] // 2017 IEEE international conference on computer vision (ICCV) . New Jersey, USA: IEEE, 2017: 5908-5916.

[21] ISOLA P, ZHU J Y, ZHOU T, et al. Image-to-image translation with conditional adversarial networks [C] // 2017 IEEE conference on computer vision and pattern recognition (CVPR) . New Jersey, USA: IEEE, 2017: 5967-5976.

[22] EYKHOLT K, EVTIMOV I, FERNANDES E, et al. Robust physical-world attacks on deep learning visual classification [C] //2018 IEEE/CVF conference on computer vision and pattern recognition. Salt

千方百智

Lake City：USA，2018：1625-1634.

［23］李雪晴，王石，王朱君，等. 自然语言生成综述［J］. 计算机应用，2021，41（5）：1227-1235.

［24］高璐璐，赵雯. 机器翻译研究综述［J］. 中国外语，2020，17（6）：97-103.

［25］GAUVAIN J L，LEE C H. Maximum a posteriori estimation for multivariate Gaussian mixture observations of Markov chains［J］. IEEE transactions on speech and audio processing，1994，2（2）：291-298.

［26］HANNUN A，CASE C，CASPER J，et al. Deep speech：scaling up end-to-end speech recognition［EB/OL］.（2014-12-19）［2023-02-06］. https://arxiv.org/abs/1412.5567.

［27］VASWANI A，SHAZEER N，PARMAR N，et al. Attention is all you need［C］//Proceeding of the 31th international conference on neural information processing system（NIPS17）. New York，USA，2017：6000-6010.

［28］STRUBELL E，GANESH A，MCCALLUM A. Energy and policy considerations for deep learning in NLP［J/OL］.（2019-05-05）［2023-02-06］. https://arxiv.org/abs/1906.02243.

［29］MIKOLOV T，CHEN K，CORRADO G，et al. Efficient estimation of word representations in vector space［EB/OL］.（2013-09-07）［2023-02-06］. https://arxiv.org/abs/1301.3781.

［30］黄民烈，黄斐，朱小燕. 现代自然语言生成［J］. 中文信息学报，2021，35（1）：143.

［31］STUSKEVER I，VINYAIS O，LE Q V. Sequence to sequence learning with neural networks［C］//Proceedings of the 27th international on neural information processing system（NIPS14）. MA，USA：MIT Press，2014：3104-3112.

［32］CHEN T，GUESTRIN C. XGBoost：a scalable tree boosting system［C］//Proceedings of the 22nd ACM SIGKDD international conference on knowledge and data mining. NewYork，USA：ACM，2016：785-794.

［33］CHENG H T，KOC L，HARMSEN J，et al. Wide & deep learning for recommender systems［C］//Proceedings of the 1st workshop on deep learning for recommender systems. NewYork，USA：ACM，

参考文献

2016：7-10.

[34] YU L，YAO X，WANG S，et al. Credit risk evaluation using a weighted least squares SVM classifier with design of experiment for parameter selection［J］. Expert Systems with Applications，2011，38（12）：15392-15399.

[35] 马秦靖. 基于改进随机森林模型的信贷风险评估［D］. 兰州：兰州交通大学，2019.

[36] 叶中行，余敏杰. 基于遗传算法和分类树的信用分类方法［J］. 系统工程学报，2006（4）：424-428.

[37] 甘建霖. 基于复杂社交网络的信贷风险控制［J］. 上海信息化，2018（12）：33-36.

[38] SHA Y，SHUAI Z，JIALONG L，et al. WuDaoMM：a large-scale multi-modal dataset for pre-training models［EB/OL］.（2022-03-22）［2023-02-06］. https://arxiv.org/abs/2203.11480.

[39] EYKHOLT K，EVTIMOV I，FERNANDES E，et al. Robust physical-world attacks on deep learning visual classification［C］//Proceedings of the IEEE conference on computer vision and pattern recognition. Salt Lake City：USA，2018：1625-1634.

[40] 孙会. 人工智能将走向哪里：思维机器会出现吗?［J］. 大连理工大学学报（社会科学版），2022，43（4）：122-128.

[41] 何怀宏. 奇点临近：福音还是噩耗——人工智能可能带来的最大挑战［J］. 探索与争鸣，2018（11）：50-59，117.

千方百智